浙江理工大学
学术著作出版资金资助（2018 年度）

金融发展视角下研发投入的周期特征及其稳提升策略研究

文　武　程惠芳　著

中国财经出版传媒集团

经济科学出版社
Economic Science Press

图书在版编目（CIP）数据

金融发展视角下研发投入的周期特征及其稳提升策略研究/文武，程惠芳著．—北京：经济科学出版社，2018.8
ISBN 978 – 7 – 5141 – 9695 – 5

Ⅰ．①金… Ⅱ．①文…②程… Ⅲ．①科研开发 – 资金投入 – 经济周期 – 研究 Ⅳ．①G311②F014.8

中国版本图书馆 CIP 数据核字（2018）第 200988 号

责任编辑：李　雪　赵　岩
责任校对：郑淑艳
责任印制：邱　天

金融发展视角下研发投入的周期特征及其稳提升策略研究
文　武　程惠芳　著
经济科学出版社出版、发行　新华书店经销
社址：北京市海淀区阜成路甲 28 号　邮编：100142
总编部电话：010 – 88191217　发行部电话：010 – 88191522
网址：www. esp. com. cn
电子邮件：esp@ esp. com. cn
天猫网店：经济科学出版社旗舰店
网址：http：//jjkxcbs. tmall. com
固安华明印业有限公司印装
710 × 1000　16 开　16.5 印张　235000 字
2018 年 8 月第 1 版　2018 年 8 月第 1 次印刷
ISBN 978 – 7 – 5141 – 9695 – 5　定价：59.00 元
（图书出现印装问题，本社负责调换。电话：010 – 88191510）
（版权所有　侵权必究　打击盗版　举报热线：010 – 88191661
QQ：2242791300　营销中心电话：010 – 88191537
电子邮箱：dbts@ esp. com. cn）

前　　言

　　深入实施创新驱动发展战略是"十三五"时期的重要任务，为此，2016 年国务院发布《国家创新驱动发展战略纲要》，为中国在 2020 年进入创新型国家行列、2030 年跻身创新型国家前列之际，定下研发强度达到 2.5% 和 2.8% 的重要目标；随后，党的十九大报告再次强调要加快建设创新型国家，强化基础研究，加强应用基础研究。而当前，我国研发强度与预期目标仍有差距，在此背景下，如何持续稳定提升研发强度备受国家政策和学者关注。现实经济中，由于金融市场不完善，研发投入的增长路径并非平稳，其会跟随经济周期变动并表现出周期性特征，在长期中将对一国研发投入水平、经济增长动力及社会福利产生极大影响，但目前国内学者对该问题的关注较少。本书从金融发展的视角考察研发投入的周期特征，并基于研发投入的周期行为探求其稳提升策略，这不仅可为中国持续稳定提升研发强度提供理论依据及政策抓手，更能为国家和地方创新驱动发展战略政策制定提供科学指导，进而为加快建成创新型国家打下坚实根基。

　　借鉴阿吉翁（2010；2012）与欧阳敏（2011b）的理论分析框架，在"不完善金融市场"的假设下，借助数理推导手段开展理论分析，并结合多维面板数据的实证分析，首先，从融资约束视角解明研发投入的周期行为形成机理及各国研发投入的周期特征；其次，借助分阶段研究方法明确各国研发强度的周期特征及研发投入周期行为的长期经济效应，并从金融发展视角考察其动态演变规律，借此揭示我国研发强度的稳提升路径；最后，基于上述研究结论，构建动态科技金融政策体系，以促进研发强度持续稳定提升。通过上述分析，本书得出以下主要结论。

第一，融资约束的存在导致各国研发投入顺周期变动。在不完善的金融市场中，当融资约束程度较高，对研发投入的限制足以抵消机会成本效应对其产生的激励时，研发投入顺周期变动。现实经济中，机会成本效应对研发投入的影响相对有限，融资约束的存在导致各国研发经费支出顺周期变动，该特征在金融发展更为滞后的发展中国家更为突出。

第二，研发强度对经济周期有非对称反应，各国研发强度周期特征差异较大。首先，发达国家研发强度呈增长型周期特征，而发展中国家研发强度呈逆周期特征，由于各国研发强度对经济周期各阶段的反应非对称，导致在长期中，持续的经济波动对发达国家研发强度有正效应，而对发展中国家研发强度有显著负效应。其次，研发投入水平不同的国家，研发强度周期特征也存在明显差异。这均是各国金融发展水平差异可以解释的结果。

第三，我国研发强度逆周期变动，其对经济扩张的负向反应力度大于对经济紧缩的正向反应力度，从而在长期中，持续的经济波动对研发强度有负效应，加剧地区研发强度波动性并阻碍其提升。这是因为：我国金融发展相对滞后，金融体系不能为研发活动提供有效融资支持，导致其在遭受现金流冲击时投资中断或项目失败的概率较高，弱化经济主体创新积极性，因此，经济扩张期融资约束的暂时放松并不能激励经济主体大幅增加研发投入，但经济紧缩期融资约束束紧会迫使其大幅减少研发投入，这使得研发强度对经济扩张有较大负向反应，而对经济紧缩的正向反应力度有限。此外，与其他区域相比较，我国西部区域金融发展水平较低，因此加剧了该负效应。

第四，科技金融政策根据经济周期阶段与区域特征相机抉择是规避上述负效应、促进我国研发强度"稳提升"的关键，理由是：金融发展对研发活动的融资支持作用及对创新投入的促进作用存在阶段性与区域性差异。金融效率提高与信贷期限结构改善将平滑研发强度对经济周期的反应并在总体上降低上述负效应，有利于研发强度持续稳定提升；但分阶段来看，两者在降低研发强度对经济扩张的负向反应力度的同时，也会减弱其对经济紧缩的正向反应，限制两者对上述负效应的降低作用，这是因为金融体系在经济紧缩期更大程度地支持了固定资产投资而非创新投入，该现象在中国东部区域更为突出。此外，金融规模扩张会放大研发强度对经济扩张的负向反应进而加剧上述负效应，原因是当前我国金融规模过度扩张，致使金融体系过度追求短期投机盈利而忽略创新投入，该现象在东部、西部区域更为明显。

基于上述发现，本书为中国促进研发强度持续稳定提升提供了新思路：即金融体系应"重效率、调结构、轻规模"，并形成匹配经济周期阶段特征与区域特征的动态科技金融政策体系。

由于水平有限，本书难免存在不足，敬请各位读者批评指正。

作者

2018 年 7 月

目 录

第1章

引　　言

本章将首先叙述本书的选题背景与研究意义，提出研究问题，确定研究对象，其次界定本书涉及的重要概念，并阐述研究方法、内容结构与可能的创新点，为开展本书研究奠定基础。

1.1　研究背景与研究意义

1.1.1　现实背景

在出口和投资的驱动下，我国实现了快速经济增长和加速工业化，但这种高储蓄、高投资和高消耗的经济发展方式导致了资源、环境的浪费与损失，造成国内市场需求、弱势产业和区域行业差距等诸多经济问题（卫兴华和侯为民，2007）。在新的发展阶段，实现经济增长方式由"粗放型"向"集约型"转变和产业转型升级是经济稳定、平衡、可持续发展的根本出路，这要求我国加快推进科技创新与体制创新，通过不断提高研发强度，增强自主创新能力，促进经济增长由资源、资本驱动向创新驱动的转变（金碚，2011），同时，形成有利于自主创新与提高资源配置效率的一系列制度安排（魏杰，2011），从而为长期经济增长提供强大的动力源泉与良好的制度环境。国家主席习近平在中国科学院第十七次大会上强调："我国科技发展的方向是创新、创新、再创新；实施创新驱动发展战略，最根本的是要增强自主创新能力，最紧迫的是要破除体制机制障碍[①]。"一方面，提高研发强度是增强自主创新能力的前提和基础，另一方面，金融体制在社会体制中处于核心地位（张璟和沈坤荣，2010），金融体制改革与发展促进资源配置效率提高是加大研发强度的有力助推器。从这个角度看，促进金融体系支持科技创新，不断提高研发强度，是加快实施创新驱动发展战略和促进经济增长方式转变的客观要求和重要保障。

经济运行过程中，经济周期波动涉及一国所有经济部门，投资、就业、价格水平、利率等诸多宏观经济变量与经济周期表现出很强的相关性（陈昆亭等，2004；李浩等，2007；周炎和陈昆亭，2012）。作为社会投资的重要组成部分，研发投入的增长路径并非平稳，其受经济周期的影响会表现出周期性特征。而长期以来我国经济周期波动一直处于大起大落的状态（高铁梅和梁云芳，2005），首先，改革开放后，出口导向型经济发展战略使我国经济过度依赖对外贸易，国外需求变动迅速通过贸易途径影响国内经济，加剧经济波动；其次，在投资拉动型的经济增长方式下，资本投资对经济增长贡献过高，宽松的货币政策和积极的财政政策，带来巨大货币风险和财政风险（魏杰，2011）；最后，高资源投入和牺牲环境为代价的粗放型经济增长方式依靠生产要素扩张，通过人、财、物的投入，片面追求产值高速增长，加大了经济波动幅度。大幅、频繁的经济周期波动作用于研发投入，使其随经济周期变动并对不同经济周期阶段产生非对称反应，这不仅加剧了研发投入的波动性，同时也对研发投入水平产生了极大影响。因此，要持续稳定提高研发强

---

① 2014年6月习近平主席在中国科学院第十七次院士大会上的讲话。

度，就不能忽略研发投入的周期行为。

现实经济中，金融市场并不完善，发达国家和发展中国家普遍面临融资约束难题（Fazzari et al.，1988；Bond et al.，2005）。相对于其他投资活动，研发活动存在严重的不确定性及信息不对称问题，其所面临融资约束更强，缺乏有效融资体系支撑时，研发活动受现金流冲击而中断甚至失败的可能性较高（Aghion et al.，2010；康志勇，2013），阻碍经济主体研发投入积极性并限制其投入水平，因此，融资约束成为经济主体研发投入决策的重要决定因素，而经济主体所面临融资约束程度又与一国金融发展水平密切相关，因此，本书将从金融发展视角考察研发投入的周期特征及其稳提升策略，这不仅可为中国持续稳定地提升研发强度提供理论依据及政策抓手，更可为国家和地方创新驱动发展战略政策制定提供科学指导。

1.1.2 理论背景

继熊彼特（Schumpeter）提出创新周期论之后，创新投入的周期特征引起国外学者极大关注。熊彼特（1939）在其开创性的研究中提出"机会成本假说"并指出，创新活动集中在经济紧缩期，因为此时边际机会成本较低。后续研究基于该假说，从劳动生产率、人力资本积累、劳动力搜寻匹配、企业重组、新技术应用与企业研发投入等视角对创新活动的周期特征进一步论证（Walde，2002；Francois & Lloyd - Ellis，2003；Barlevy & Tsiddon，2006），并预测了研发投入的逆周期行为。然而，该论断并未获得经验研究的支持，相反，大量基于发达国家总量及行业层面数据的实证研究均发现研发投入顺周期变动（Barlevy，2004；Ouyang Min，2011a）。目前，国内学者对该问题的关注较少。

为解释经验证据与机会成本假说的冲突原因，国外学者在创新周期论中引入诸多现实因素修正理论分析，如融资约束、研发活动外部性、经济波动黏持性及外生冲击异质性等。机会成本假说关注研发活动预期收益与机会成本相对变动对研发投入产生的激励作用，分析中暗含一项重要假设，即经济主体总能获得所需资金进行投资。在完善的金融市场中，企业内、外部资金完全替代，企业家投资决策仅取决于投资需求（Fazzari et al.，1988），此时机会成本假说的分析结论是成立的。但现实经济中，信息不对称、税收、交易成本、代理成本等问题存在使外部融资成本显著高于内部融资，企业家投资决策受制于金融因素。鉴于此，阿吉翁等（Aghion et al.，2010；2012）在不完善金融市场的假设下再次考察研发投入的周期行为，联系融资约束解释了研发投入顺周期偏向的成因；基于相同假设，欧阳敏（Ouyang Min，2011b）关注则经济波动黏持性（cycle persistence）对研发投入周期特征的影响；而巴利维（Barlevy，2004；2007）强调动态外部性与顺周期变动的利润使研发投入出现顺周期偏向；此外，也有学者从外生冲击来源的视角解释研发投入顺周期变动的成因（Harashima，2005；Comin & Certler，2006）。此类研究大多承认机会成本效应真实存在，但上述诸多因素存在会导致研发投入出现顺周期偏向。

已有研究对于研发投入周期行为特征与成因有着深刻见解，但仍存在以下不足：一是既忽视对研发强度周期特征的考察，也没有考虑各国研发投入周期特征可能存在的差异，更是缺乏对中国转型期现实情况的研究，揭示研发强度周期特征的国别规律有助于丰富与深化创新周期论。二是未考察研发强度对经济周期的反应是否存在阶段性差异，这一方面使得现有经验研究无法揭示研发投入周期行为在长期中对研发强度及经济增长动力的影响（即研发投入周期性变动的长期经济效应），限制已有研究解释范围。另一方面，导致支持创新的科技金融政策未能根据宏观经济所处周期阶段进行优化，弱化政策调控效果。三是未基于研发投入的周期行为探究其稳提升策略，而这对于加快创新驱动发展战略实施有重要的现实意义。四是已有实证研究大多利用经济增长率或工业产出增长率刻画经济周期，该方法不能准确度量增长型经济周期总量相对波动幅度及经济所处周期阶段，不仅使得上述阶段性非对称反应的实证研究无法开展，更是限制了已有研究结论的可靠性。五是少有文献从金融发展视角对各国研发投入的周期行为进行系统深入的研究。研发投入周期行为的各成因中，经济波动黏持性、研发活动外部性、外部冲击来源等在一定程度上是不可控因素，不仅难以量化，而且对创新周期的解释力有限。融资约束是世界各国普遍存在的难题，也是影响研发投入决策的重要因素，经济主体所面临融资约束程度与一国金融发展水平密切相关，其可通过宏观政策调节成为可控因素。从金融发展视角对研发投入的周期特征及其稳提升策略展开研究，不仅可把握研发投入与经济周期之间的重要关联机制，更有利于提出可行可操作的政策建议。因此，弥补上述不足，进而为本领域研究提供更为科学的理论机理和经验证据，成为本书的努力方向。

1.1.3 研 究 意 义

从金融发展视角考察研发投入的周期特征及其稳提升策略，具有理论研究和实践指导两方面的重要意义。

第一，从金融发展视角深入剖析研发投入与经济周期的关联，并利用跨国面板数据进行更为全面的实证研究，有助于深刻认识各国研发投入的周期特征、差异及成因，丰富现有创新周期理论及实证研究。

第二，当前，我国正处于构建创新型国家的战略发展阶段和重要经济转型期，依靠激励政策提高研发强度是各级政府的共识和政策关注焦点，在这个重要的转型期，若忽略研发投入周期性变动的事实，而仅仅依靠知识产权保护、税收优惠和财政补贴等政策措施提高研发强度，势必将弱化创新政策支持效果。本书从金融发展视角揭示研发强度的稳提升机制，对于平滑研发投入、促进研发强度持续稳定提升的政策设计与实践有重要参考价值。

第三，本书从科技金融政策根据经济周期阶段相机抉择的视角，形成了促进研发强度持续稳定提升的新思路。同时，通过引入周期阶段虚拟变量的方法研究研发强度对经济周期的非对称反应，本书揭示了研发投入周期行为的长期经济效应，这为后续创新周期理论与实证研究，以及经济周期与长期经济增长间关联的研究提供了新方法与新视角。

1.2　相关概念界定

1.2.1　经 济 周 期

1. 经济周期的概念

经济学家根据不同时期的经济波动特征给予经济周期不同定义。第二次世界大战以前，西方工业化国家经济活动水平出现正增长和负增长交替出现的现象，经济学家们根据该特征，提出"古典型"经济周期的概念（也称为传统型经济周期）。凯恩斯（Keynes，1936）率先对"古典型"经济周期进行了精确描述："当经济朝着某个方向运行，比如上升时，最初促使其上升的各种力量集聚并推动其到达某一点，这些力量趋于被反方向的力量所代替，两股力量互相作用推动其抵达最大发展之处即最高点，最初的力量被反方向力量代替，经济发展转向另一个方向。"此外，美国国家经济研究局创始人伯恩斯和米切尔（Burns & Mitchell，1946）对"古典型"经济周期给出了经典性定义："经济周期是以商业企业组织活动的国家总体宏观经济表现出的波动，一个周期经历了许多经济活动大约同时发生的扩张、随后是整体经济活动的衰退、收缩和复苏，并逐渐形成下一轮经济扩张，这种情况不定时地反复出现形成经济周期。"在这个概念中，他们对经济周期阶段进行划分，明确指出经济周期各阶段时长和性质的非对称性，揭示了"古典型"经济周期本质特征。伯恩斯和米切尔（1946）对经济周期的定义得到了西方经济学界公认，被美国国家经济研究局作为确定经济周期顶峰与谷底的标准。

第二次世界大战之后，随着世界各国工业基础加强、抵御外部风险能力提高，许多西方工业化国家经济总量保持了持续增长，只是增长速度出现上升和下降的交替，"古典型"经济周期特征（即正负经济增长交替出现）逐渐消失。为适应现实情况，经济学家们对经济周期重新定义，提出了"增长型"经济周期的概念（也称作现代经济周期），并逐渐成为经济周期理论和实证研究的核心（刘金全和刘志刚，2005）。哈耶克认为，经济波动是经济对均衡状态的偏离，而经济周期是这种偏离的反复出现；布林德和费舍尔（Blinder & Fischer，1981）指出，经济周期是产出偏离长期趋势的序列相关变化。在"增长型"经济周期中，经济总量不出现绝对水平下降，只是围绕长期趋势水平上下波动，当其与长期趋势水平发生正向偏离时，经济处于扩张期，相反出现负向偏离时，经济处于紧缩。本书所涉及经济周期均为"增长型"周期。

2. 研发投入的周期特征

研发投入指一国开展研发活动的实际内部支出资金，而研发强度是研发投入在 GDP 中所占比重，是衡量一国研发投入水平与自主创新能力的重要依据。研发投入周期特征用来描述其在经济周期中的变化规律。本书所涉及的周期特征有三种情况：顺周期特征、逆周期特征与增长型周期特征。一般来说，在变量之间协同变动关系的研究中，倘若研发投入与经济周期波动方向一致，即研发投入对经济扩张有正向反应并对经济紧缩有负向反应，则称其顺周期变动，或呈现出顺周期（变动）的特征；若其变化与经济周期波动方向相反，即研发投入对经济扩张有负向反应并对经济紧缩有正向反应，则称其逆周期变动，或呈逆周期（变动）的特征（杜婷，2007）；而若研发投入对经济周期各阶段均有正向反应，为了便利描述，本书借鉴"增长型"经济周期（经济增长率周期性变动）的概念，称其呈增长型周期特征。本书对研发投入周期特征的考察不仅关注其在经济周期各阶段的变动方向，同时关注其变动幅度，即研发投入对不同经济周期阶段的反应力度。

1.2.2　融资约束

迈耶和库恩（Meyer & Kuhn，1957）最早开始进行融资约束的相关研究，他们考虑融资因素对企业投资行为的影响，认为企业更加偏好内部资金。莫迪利亚尼和米列尔（Modigliani & Miller，1958）提出著名的MM理论并认为，在完善的金融市场中，企业内部融资和外部融资成本相同，内外部资金可完全替代，其投资不受财务结构和财务政策约束。然而在现实经济中，金融市场并不完善，信息不对称、委托代理问题、交易成本的存在，使得企业外部融资成本远远高于内部融资，以致其产生内部融资偏好。卡普兰和津加莱斯（Kaplan & Zingales，1997）提出融资约束的定义，认为当企业外部融资成本高于内部融资成本时，企业则存在融资约束。席尔瓦和卡雷拉（Silva & Carreira，2011）指出，存在融资约束时，外部资金短缺导致企业无法获得投资和发展所需足够资金。更进一步，瓜里利亚（Guariglia，2008）将企业融资约束分为内部融资约束和外部融资约束，前者指内部资金的可获得性，后者指资本市场融资的可获得性。

国外学者从企业面临融资约束时的表现出发定义融资约束，总体来说，融资约束一方面表现为内部、外部融资约束，另一方面表现为资金价格约束与数量约束。一是，融资约束的定义有狭义和广义之分，广义融资约束指的是企业内外融资成本存在差异时，投资受到的约束，这个定义下的融资约束包括企业内部融资约束和外部融资约束；狭义融资约束指企业需要外部资金时，外部融资成本较高或信贷配给以至于不能满足其资金需求而受到的约束，狭义融资约束只关注企业外部融资环境。二是，融资约束有资金价格约束和数量约束之分，由于信息不对称问题的存在，外部投资者向经济主体提供资金时通常要求高于实际风险的溢价以弥补信息搜寻成本，提高了外部资金供给价格；基于信贷配给理论，银行根据利润最大化目标决定资金价格与发放数量，限制经济主体获得外部融资概率的同时，约束其可获得资金数量（Jafee & Russell，1976；Stiglitz & Weiss，1981）。

融资约束源于信息不对称与交易成本，而其根源在于金融市场不完善。与 MM 理论假设相反，现实世界中企业所处金融市场是不完善的，金融市场不完善最明显的特征在于信息不对称。在借贷活动中，债务人占有私人信息而处于信息优势，比债权人更了解企业与投资状况，由此可能导致"逆向选择"和"道德风险"问题，即投资人在无法对债务人的信用质量和债务偿还概率做出准确判断的情况下，以平均信用质量定价，此时，信用质量较高的借款人因融资成本过高不愿意外部融资，而信用质量较低的借款可以尽可能多地按照平均利率获得外部融资，导致融资分配机制不合理（Leland & Pyle，1977），同时，借款人有可能利用自身信息优势从事有利于增加自身收益而不利于债权人的各种行为。迈尔斯和迈基里夫（Myers & Majluf，1984）认为在不完善的金融市场中，内部人相对于投资者拥有更多关于企业价值信息，投资者会面临"逆向选择"问题，导致其要求企业支付更高的风险溢价（风险溢价水平和信息不对称严重程度成正比），提高外部融资成本。为了避免支付这个风险溢价，企业在投资时更倾向于内部资金，并尽可能降低外部融资比例甚至放弃净现值为正的投资项目，降低投资水平。交易成本是融资约束产生的又一个原因，新股与债券发行需要支付一定的交易成本（包括搜寻成本、签约和保证合约履行的执行成本等），导致内部、外部融资成本的差异，企业在为投资融资时，为避免支付相应交易费用而更加依赖内部资金。

1.2.3 金融发展

金融发展理论由西方经济学家于 20 世纪 60～70 年代提出，但目前学者对于"金融发展"概念本身并没有形成统一认识。戈德史密斯

（Goldsmith，1969）最早开始研究金融发展理论并率先提出"金融结构"与"金融发展"的概念，其中，金融结构指各种金融工具与金融机构的形式、性质及相对规模。他认为一国金融结构并非一成不变，其随着经济发展和市场深化而不断变化。金融发展即金融结构由简单向复杂、由低级向高级的变化过程。实际上，这个概念的实体内容是金融机构和金融工具，对经济体系中金融资源的反映并不完善（陈金明，2002）。

麦金农（Mckinnon，1973）和肖（Shaw，1973）对戈德史密斯（1969）提出的金融发展概念做了补充，他们在研究发展中国家金融发展与经济增长间关系时提出"金融增长"与"金融深化"（financial depth）的概念，其理论体系突出金融制度与金融政策对经济发展的重要性。金融增长指金融总量及其与宏观经济变量之比的增长，而金融深化是指金融资产以快于非金融资产的速度积累，其表现为金融体系扩张、金融机构增加、服务更加专业化，金融资产存量、种类和范围扩大，金融流量主要依赖国内储蓄，同时利率准确反映投资机会，肖（1973）认为金融深化就是金融发展。格利和肖（Gurley & Shaw，1960）也从金融深化的角度定义金融发展，认为其表现为各种金融资产的出现、数量增加以及各种金融机构的建立，以及金融制度的不断深化。莱文（Levine，1997）从金融功能的角度看待金融发展，认为金融发展是金融部门整体功能不断完善、扩充进而促进金融效率提高的过程。

我国学者对金融发展的定义充分吸收了金融发展理论奠基者—戈德史密斯、麦金农和肖等三人提出的金融结构论和金融抑制论的思想，强调金融发展在金融资产规模扩大、金融结构优化、与资源配置效率提升等三个方面的表现。从金融结构的角度出发，白钦先（2003）将金融结构重新定义为金融相关要素的组成、相互关系及其量的比例，并提出"量性金融发展"和"质性金融发展"相统一的金融发展观，同样，彭建刚和李关政（2006）继承戈德史密斯（1969）的思想，认为金融发展表现为金融规模扩大和金融结构的改变与优化；更进一步，蔡则祥

（2005）对金融结构构成、调节与优化进行了深入研究，认为金融结构高度化与合理化是金融结构优化的两个基本点，即金融业地位、技术含量提升（结构高度化），各类金融资产、金融部门之间关联、协调程度及其与经济结构的适应程度提高（结构合理化）。此外，卢立香（2009）认为，金融发展主要指各类金融资产增多及各种金融机构建立，表现为各种非货币金融资产和非银行金融中介的大量出现和发展，这与格利和肖（1960）的定义相似。武志（2010）区别了金融增长和金融发展的区别，认为金融增长表现为金融资产规模与金融机构数量的扩张，而金融发展不单指金融数量扩张，更主要的是金融效率提高，体现为金融对经济发展需要的满足和贡献作用。

从金融功能的角度出发，沈坤荣和孙文杰（2004）指出金融发展是金融中介体和金融市场的发展，通过利率和汇率等杠杆促进储蓄以更高比例转化为投资，提高资金使用效率和资本的配置效率，以资本积累和技术进步促进经济增长。彭兴韵（2002）和赵静敏（2010）认为，金融发展是一国金融部门功能不断完善、扩充并进而促进金融效率提高和经济增长的动态过程。白钦先和谭庆华（2006）重新定义金融功能并勾画了金融功能的历史演进轨迹，认为金融发展是金融功能逐步显现、扩展、提升并复杂化的演进过程，随着金融功能演进，金融发展程度越来越高且资源配置效率不断提高。

我国学者从金融规模、金融结构、金融效率及金融功能的角度对金融发展概念进行界定，综合以上学者观点，本书认为金融发展是"量"与"质"发展的统一，是金融规模不断扩大、金融结构不断优化、金融功能不断扩充、完善与提升进而促进金融效率改善的动态过程，具体表现为金融机构数量与金融资产总量增加，各种金融资产间相对规模、比例的协调以达到结构合理化最终实现金融结构优化与金融资源配置效率提高等内容。

1.3 研究内容与结构

1.3.1 研究思路

本书从金融发展视角研究研发投入的周期行为及其稳提升策略，通过借鉴阿吉翁（2010；2012）与欧阳敏（2011b）的理论分析框架，在"不完善金融市场"的假设下，借助数理推导手段开展理论分析，并结合多维面板数据的实证分析。首先，从融资约束视角解明研发投入的周期行为形成机理，以及各国研发投入的周期特征；其次，借助分阶段研究方法揭示各国研发强度周期性变动的特征与长期经济效应，并从金融发展视角考察其动态演变规律，揭示我国研发强度的稳提升路径；最后，基于上述研究结论，构建动态科技金融政策体系，以促进研发强度持续稳定提升。

1.3.2 研究内容安排

基于上述研究思路，本书内容分为八章，具体内容安排如下：

第 1 章是引言。本章阐述本书的选题背景与研究意义、界定相关概念、说明本书的研究内容及结构安排、研究方法及创新点。

第 2 章是文献综述。本章围绕研发投入的主题，首先回顾研发投入的主要内部和外部影响因素，其次按照研究视角与结论的不同对与研发投入周期行为已有理论和实证文献进行梳理和比较，最后，从金融功能论、内生经济增长理论、公司金融理论与金融结构观的角度综述国内外学者关于金融发展创新促进作用的理论与实证研究。基于三个方面的文献综述，本章讨论了现有研究在视角、方法等方面存在的不足，不仅为本研究提供切入点，也为本书从金融发展视角构建研发投入与经济周期相关性分析框架奠定理论基础。

第3章为研发投入与经济周期间关联关系的理论分析。本章通过借鉴阿吉翁等（2010；2012）与欧阳敏（2011b）的分析框架，建立两期世代交替模型并引入外生冲击，在"不完善金融市场"的假设下，从融资约束视角揭示研发投入周期行为的形成机理；基于此，探讨研发强度周期性变动的特征、长期经济效应及其跟随金融发展变动的规律，为后文实证分析提供理论基础。

第4章实证分析研发投入的周期特征。本章构建动态面板数据模型，利用29个发达国家、26个发展中国家、我国30个省市的面板数据与SYS–GMM估计方法考察各国研发投入与经济周期的关联关系，并检验融资约束对该关联关系的影响，据此识别研发投入周期行为的形成机制及行为特征，为后文实证分析提供事实基础。

第5章实证考察研发强度的周期特征及其对经济周期的非对称反应。本章将"扩张期"与"紧缩期"两个周期阶段虚拟变量引入计量模型，利用中国面板数据，从整体上、分区域、分不同研发投入主体考察研发强度对经济扩张与经济紧缩的非对称反应，并利用多国面板数据从国家异质性视角进行比较研究，归纳各国研发强度周期性变动的特征、长期经济效应及其国别差异，并结合研发投入周期行为形成机制（第4章分析结论）从融资约束及金融发展视角分析成因，为后文构建动态科技金融政策体系提供经验支持。

第6章分周期阶段研究金融发展对研发强度周期特征的影响，借此从金融发展视角揭示研发强度的稳提升路径。本章根据中国金融体系特征并结合金融发展影响研发投入的作用机理选取金融发展指标，从金融效率、信贷期限结构和金融规模三个维度，区分经济扩张期和紧缩期两阶段，从区域异质性视角实证研究金融发展对研发强度周期特征、进而上述长期经济效应的影响，分析该影响的阶段性、区域性差异及成因，为后文构建动态科技金融政策体系提供经验支持。

第 7 章研究金融发展对研发强度的阶段性非对称影响，揭示金融发展对研发活动的融资支持作用及创新促进作用的阶段性差异。本章从金融效率、信贷期限结构和金融规模三个维度，区分经济扩张期和经济紧缩期实证考察了金融发展对研发强度的影响，通过揭示该影响的阶段性、区域性差异及成因，为后文构建动态科技金融政策体系提供经验支持。

第 8 章是研究结论与政策启示。本章归纳本书主要研究结论与发现，基于此，在促进研发强度持续稳定提升的目标导向下，形成匹配宏观经济所处周期阶段及区域特征的动态科技金融政策体系，为研发活动提供持续稳定的融资支持，进而促进研发强度持续稳定提升。

1.4 研究方法和创新之处

1.4.1 研究方法

本书主要采用了文献研究、规范分析、实证研究及比较分析等研究方法，具体包括：

第一，文献研究法。本项目对已有文献进行深入系统的研究，根据文献发表时间与被引用次数从总体上把握本领域国内外理论与实证研究发展脉络、近期研究进展，在此基础上选择本项目切入点与研究方法。在分析归纳现有研究时，重点剖析文献中的模型设定方法、变量之间作用机制及数理推导过程，整理经验研究文献指标选取方法、计量模型设定方法、检验方法及数据处理方法，这拓展了本研究思路，为本研究提供了重要方法支撑。文献研究法主要应用于第 2 章。

第二，规范分析法。综合各理论研究中的模型设定方法和作用机制，借鉴阿吉翁等（2010；2012）、欧阳敏（2011b）的理论分析框架并进行改进与拓展,建立包含外生冲击与不完善金融市场的两阶段世代交替模型,为后文实证分析提供完整的理论支撑,具体体现在第3章。

第三,分阶段实证研究法。将"扩张期"和"紧缩期"两个经济周期指标引入计量模型,利用混合OLS、固定效应、SYS-GMM等估计方法开展分阶段实证研究,通过分析变量间关联关系的阶段性差异,本书为构建匹配经济周期阶段的动态科技金融政策体系提供了重要依据。具体体现在第4~第7章。

第四,比较分析法。各国由于收入水平、金融发展水平不同,研发投入周期特征存在较大差异,为此,在分析研发强度的周期特征时,本书将所选55个国家按收入水平、研发投入水平进行分组,并将我国样本按区域、研发投入主体的不同分组,比较分析发达国家、发展中国家、研发投入水平不同的国家(高研发投入国、中研发投入国、低研发投入国)、中国整体、各区域、各研发投入主体的研发强度周期特征、差异及成因;此外,本书也将金融发展分为三个不同维度,比较分析金融规模、信贷期限结构与金融效率对我国研发强度周期特征的影响。具体体现在第4~第7章。

1.4.2 本书的创新点

本书是国内为数不多的创新周期理论与实证研究成果之一。相对于已有研究,本书的创新点如下:

首先,进行了更为全面的经验分析,揭示了研发强度周期特征的国别差异及成因。目前,本领域现有文献多重视研发投入在经济周期中的变动规律,且多使用发达国家总量或行业数据为样本,既忽略了对研发强度周期特征的考察,也没有考虑到各国研发投入周期特征可能存在的差异;同时,国内学者在该领域的研究尚少,更是缺少中国样本的文献,本书在一定程度上弥补了现有经验研究的不足。

其次,解明了研发强度对不同经济周期阶段所做出的非对称反应,将已有研究解释范围由研发投入周期特征拓展到研发投入周期行为的经济后果及研发强度的稳提升策略。本书在计量模型中引入"扩张期"和"紧缩期"两个周期阶段指标，考察了研发强度对经济周期所做反应的阶段性差异，借此揭示了"持续经济波动对我国研发强度有负效应"的事实，并指出该负效应的有效规避手段，拓展了已有研究解释范围。

再次，摈弃静态政策体系，构建了匹配宏观经济不同周期阶段及区域特征的动态科技金融政策体系。通过分阶段、分区域研究金融发展对研发强度周期特征的影响，本书将金融发展的创新促进作用考察拓展到两阶段、多区域，基于阶段性、区域性差异与成因，作者针对宏观经济所处周期阶段为各区域合理定位科技金融政策，优化政策调控效果，并从改变研发强度对经济周期各阶段反应的视角，形成促进创新投入持续稳定提升的新思路。

最后，改进已有实证研究方法，为创新周期理论提供了更可靠的经验证据。本书利用产出缺口刻画经济周期，避免了传统方法（如经济增长率）无法准确判断经济周期阶段及宏观经济波动幅度的弊端；此外，经济周期与研发投入有反向因果关系，会造成内生性问题，本书使用国内外流行的系统广义矩估计方法（SYS – GMM）来处理。

第 2 章

文 献 综 述

本章将对研究主题相关理论进行探讨，综述已有相关理论与实证文献，在此基础上发现已有研究的不足之处，并提出本研究的切入点。文献综述将围绕研发投入展开，首先回顾其主要内部、外部影响因素，其次按照研究视角与结论的不同重点综述研发投入周期行为相关的现有理论与实证研究，最后从不同理论视角梳理金融发展创新促进作用的相关文献。

2.1　研发投入的影响因素

美国著名经济学家熊彼特首次提出技术创新的概念，认为企业家通过引进新的生产方式实现创新进而促进经济增长。技术创新是经济增长的源泉，而研发投入是技术创新的关键要素。在技术创新相关的早期研究中，熊彼特（1950）与加尔布雷斯（Galbraith，1956）提出了两个著名论断，其一是创新与垄断力量之间呈正相关关系，其二是大公司比小公司更具有创新积极性。在其之后，研发投入影响因素成为国内外学者关注的热点问题，学者们从企业内部与外部两个视角展开研究，内容涵盖企业规模、公司管理层、股权结构、资本结构等主要内部因素，以及行业因素、融资约束、政府干预等主要外部影响因素。

2.1.1 主要内部影响因素

1. 企业规模与研发投入

国外学者在研究企业内部特征与研发投入之间的关系时，首先注意到企业规模因素。早期研究假定企业规模与研发投入之间存在线性相关关系。熊彼特（1942）最早指出，因大企业更有能力承担大规模研发活动，从而企业规模与研发投入之间存在正相关关系。之后，熊彼特（1950）、菲舍尔和特曼（Fisher & Temin，1973）再次指出，大企业拥有更多资源投入研发活动，因此其研发投入更高。但谢雷尔（Scherer，1965）不同意该观点，他使用销售收入衡量企业规模，发现一些大企业研发投入水平却更低，曼斯菲尔德（Mansfield，1968）的研究得出相同结论，即企业规模对研发投入有负向作用。因此，并非企业规模越大则研发投入水平越高。

实际上，企业规模与研发投入之间并非呈简单的线性关系，史密斯和克里默（Smith & Creamer，1968）利用美国产业数据考察发现，在某些行业，小企业研发强度并不低于中型企业，甚至高于某些大型企业，阿克斯和奥雷什（Acs & Auretsch，1987）在研究中加入了对市场结构的考虑，认为只有在垄断竞争市场中，研发投入与企业规模之间才存在显著的正相关关系。后续研究中，学者们意识到研发投入与企业规模可能存在非线性关系，豪和麦克费里奇（Howe & Mcfetridge，1976）、洛布和林（Loeb & Lin，1977）、泽特（Soete，1979）利用美国行业层面数据与企业层面数据证明，研发投入水平与企业规模之间存在着倒 U 形的关系，随着企业规模扩大，研发投入先增加，达到极值后再降低，并且两者关系在不同行业也存在差异；相反，邦德等（Bound et al.，1984）利用美国企业数据发现两者之间存在 U 形的关系，即小企业和大企业的研发强度均高于中型规模企业。

我国学者在该领域的研究结论与国外学者类似，周黎安和罗凯（2005）利用动态面板数据模型证明我国企业规模与研发投入之间正相关，且正相关关系在非国有企业更加明显，而徐侠（2008）通过对高新技术行业的考察发现，在国有企业与外资企业中两者正相关关系更为明显。相反，赵洪江（2008）发现了企业资产规模与研发投入之间的负相关关系。也有研究得出了两者呈非线性关系，如吴延兵（2008）利用我国制造业产业数据证明了企业规模与研发强度之间存在非线性递增关系；张杰（2007）以固定资产、销售收入与员工人数衡量企业规模，发现其与研发强度之间呈倒 U 形关系，孔伟杰和苏为华（2009）利用浙江省 1 454 家制造业企业数据得出相同结论。总体来说，国内外学者对企业规模与研发投入之间关系的研究基于不同行业、不同地域数据与不同的研究方法，得出的结论差异较大，两者之间关系并不能一概而论。更重要的是，研发投入与企业规模之间的关系在不同行业也存在差异，行业特征也是影响两者之间关系的重要因素。

2. 公司管理层与研发投入

公司管理层是指拥有决策权的董事会和经理层，其对企业研发投入有决定性影响，因此，国内外学者研究了董事会规模、结构以及经理层激励与研发投入之间的关系。学者们普遍认为，董事会规模与企业研发投入之间呈倒 U 形关系，因为董事会规模过大会降低企业内部协调和沟通效率，而董事规模过小则无法有效监督管理层（Lipton & Lorsch，1992；Jensen，1993；Zahra et al.，2000），适度的董事会规模最有利于增加企业研发投入。

外部独立董事不在公司任职，其与管理层、股东没有直接经济利益关系，可以独立判断企业事务，有利于做出符合公司价值最大化的决策，因此，独立董事占比越高，企业研发强度越高（Boone，2007），而我国学者的研究得出相反结论，周杰和薛有志（2008）利用中国上市公司数据考察发现，独立董事比例与企业研发投入之间并没有显著正相关关系，原因是我国企业引入独立董事实际上是政府主导行为，并非企业自愿，在这种体制下独立董事很难发挥应有作用。黄国良和董飞（2010）也认为，独立董事比例提高没有促进企业研发投入，原因是独立董事并没有发挥其应有的监督控制与科学决策能力。可见，独立董事在董事会中所占比例与企业研发投入之间的关系会因制度不同而存在差异。

企业对管理层的激励是影响研发投入的又一个因素，学者们对两者之间关系的研究结论较为统一。管理层持有股份、对 CEO 的报酬激励均与企业研发投入水平之间正相关（Zahra et al.，2000；Ryan & Wiggins，2002；Wu & Tu，2007）。徐金发和刘翌（2002）指出增加企业内部管理人员持股水平有利于提高企业研发投入，原因是高级管理人员持股可在一定程度上抑制其短视行为，减少企业所有者与管理者之间的利益冲突，促使管理者更多考虑长远利益而积极投入研发活动，追求企业价值最大化（杨勇等，2007；唐清泉等，2009）。此外，刘伟和刘星（2007）的研究也表明，董事长和总经理的分离有助于提高企业研发投入。

3. 股权结构与研发投入

国内外学者对两者间关系的研究中重点关注股权集中度与股权性质两方面，且结论不一。从股权集中度的角度来看，公司所有者倾向于财富最大化，相反，管理者倾向于价值最大化，从而前者倾向于实施创新行为而后者往往更多考虑自身利益，当企业所有者对后者监督不足时，管理者倾向于减少研发活动以规避风险，而当股权集中度提高或者有大股东出现时，即可强化企业对管理者的监督，提高研发投入（Dechow & Sloan，1991；Hill & Snell，1988；Lee & O'Neiil，2003）。一些研究得出了相反结论，如奥尔特加奥格斯等（Ortega – Argils et al.，2005）发现在西班牙制造业中，股权集中度提高并不利于加大企业研发投入；恰尔尼茨基和克拉夫特（Czarnitzki & Kraft，2004）、李（Lee，2005）分别利用德国、美国和日本的数据证明两者之间不存在相关关系。

我国学者的研究中，杨建君和盛锁（2007）指出，股东同样具有规避风险的心理，股权集中度越高，其承担的风险比例越高，为规避风险股东倾向于减少研发投入，因此股权集中度与研发投入之间存在负相关关系，与之不同，白艺昕等（2008）认为两者之间呈倒U形关系，原因是：在较分散的所有制结构下，股权集中度适度提高有利于缓解所有者和管理者之间的利益冲突，抑制后者减少研发投入以追求短期稳定利润的短视行为，但是股权集中度过高时，大股东将追求控制权私有收益，投资行为偏离公司价值最大化，不利于增加研发投入。

在对股权性质的研究中，弗朗西斯和史密斯（Francis & Smith，1995）研究发现外部大股东倾向于投入研发活动，而内部大股东倾向于技术引进，随后，洛夫等（Love et al.，1996）指出，外资股权的引入有利于增加企业研发投入，而狄克逊和塞迪（Dixon & Seddi，1996）得出相反结论，认为外资股权与研发投入之间没有并无明显相关。此外，布兰特利（Brantley，1997）发现，政府所有权比例的降低有助于增加企业研发投入，原因是私有企业比国企创新动力更强，冯根福和温军（2008）、杨建君和盛锁（2007）的研究得出相同结论，即国有股份占比越低，企业研发投入越高，这是因为国有企业管理者采取行政任命的方式确定，国家对其政绩进行考核将导致其从事短视行为而较少投入研发活动以规避风险。

4. 资本结构与研发投入

研发活动存在严重的不确定性与信息不对称问题，外部投资者往往要求更高的回报率以补偿风险（Scherr & Hulburt，2001），同时，研发活动难以获得稳定的现金流，无法保障贷款利息支付，因此，企业研发活动难以获得债务融资（Bronwyn，2002）。在该论断的基础上，国外学者从资产负债率与权益比例的视角实证研究企业资本结构变动对研发投入的影响，由于选取样本特征不同，研究结论也是不一致的。

从债务融资的角度，比林斯和弗里德（Bilings & Fried，1999）、奥佳华（Ogawa，2007）发现企业资产负债率越高，研发强度越低。前者基于研发投入与全要素生产率的紧密关系指出，随着债务水平提升，企业全要素生产率增长速度降低，限制研发投入水平。企业在经营状况不佳时，较高的负债率将降低股东利益，不利于研发投入，同时，企业负债过高会降低其履行债务的能力，管理者会因考虑股东与自身利益而减少研发投入（刘斌和岑露，2004），对此，我国学者利用上市公司的数据验证了资产负债率与研发强度之间的负相关关系（杨勇等，2007；赵洪江等，2009）。相反，巴加特和韦尔奇（Bhagat & Welch，1995）利用发达国家企业数据的研究表明，资产负债率高的企业倾向于投入研发活动，同时，霍索诺等（Hosono，2004）对日本制造业公司的研究也表明，杠杆比率与研发强度正相关。

于是一部分学者认为，企业资产负债率与研发投入之间并非简单的线性关系，焦（Chiao，2002）指出，负债和研发投入之间的关系会因企业类型差异而不同，在高新技术企业中，两者存在负相关关系，而在非高新技术企业中，流动负债的增加可以促进研发投入。此外，还有学者发现了两者之间呈 U 形关系（Kang，2004）。马丁森（Martinsson，2009）基于债务契约特征认为，企业长期负债与研发投入之间存在"悬置效应"（overhang effect），即当企业资产负债率在 60% 左右时，负债与研发投入之间呈正相关关系，而当资产负债率很高或者很低时，两者呈负相关关系。

要获得股权融资，投资者需获得研发项目信息并对其进行评估，但研发活动存在严重的信息不对称问题，且研发项目有保密性要求从而使得企业无法通过充分纰漏项目信息而缓解信息不对称问题，同时，为了防止竞争对手获悉创新项目信息，企业通常不愿意过多披露研发项目信息，反而降低信息披露质量（Bhataeharya & Ritter，1983；Hall，2002），导致股票市场低估公司和研发项目价值，从而阻碍企业利用股票市场为研发活动融资。然而，股票市场是直接融资途径不可或缺的组成部分，良好的金融体系可为企业研发投入提供重要融资来源。卡彭特和彼得森（Carpenter & Petersen，2002）发现，小型高科技企业股权融资与研发投入之间存在正相关关系。米勒和齐默曼（Muller & Zimmermann，2009）利用德国 600 多家中小企业的数据考察发现，在进行研发活动的企业中，权益比重较无研发活动的企业高出 2.5%，可见较高的权益比重有助于提高企业研发强度，对于成立时间不久的年轻企业来说尤为如此。

2.1.2 主要外部影响因素

1. 行业因素与研发投入

在行业因素中，集中度被看作是影响研发投入的重要外部因素，与熊彼特（1950）的观点相反，阿罗（Arrow，1962）指出，企业在垄断市场中保持了较高的利润率，其投入研发活动而追求更高利润的积极性不高，反而竞争性市场结构更能鼓励企业投入研发活动。此后，大量文献对行业集中度与企业研发投入之间的关系进行了实证研究，其中，霍罗威茨（Horowitz，1962）发现（四厂商）集中度对研发强度有比较微弱的正向影响。更进一步，汉伯格（Hamberg，1966）使用制造业产业的数据证明，行业集中度仅能解释 21% ~ 32% 的企业研发强度差异，其对研发强度的影响较小。相反，格罗斯基（Geroski，1990）、奥德斯（Audretsch，1995）认为行业竞争性增强更能促进企业创新，在集中度较高的行业中企业创新更少；而莱文等（1985）、布拉加和威尔摩尔（Braga & Willmore，1991）、阿吉翁等（2005）的研究表明，行业集中度与研发投入之间呈倒 U 形关系，市场中存在鼓励企业创新的最佳集中度区间，其中，前者利用调研数据发现，最佳的市场集中度为 54%（四厂商集中度），后者指出市场集中度提高带来竞争加剧增加了创新活动额外利润的同时，削弱技术落后者进行创新以赶超的动力。

此外，很多学者研究了市场集中度与创新数量（专利）之间的关系。创新数量与研发活动密切相关，该领域研究同样有助于解释市场集中度与研发投入之间的联系。伦恩（Lunn，1986）利用 20 世纪 70 年代美国 191 个四位数产业的数据研究发现，市场集中度对工艺专利数量有正向影响，而对产品专利数量的影响不显著，相反，格罗斯基（1990）对同时期英国产业数据的考察表明，五厂商集中度对技术和商业重大成功创新数量有负向影响，布伦德尔（Blundell，1995）对英国企业进行研究并得出相同结论。布劳德伯利和克拉夫茨（Broadberry & Crafts，2001）利用1945~1960年英国产业数据，以五厂商集中度与价格卡特尔表示市场垄断程度，发现前者对创新数量有显著负向影响，而后者影响不显著，这表明垄断带来的代理成本对创新产生的副作用超过了熊彼特所提出的垄断租金带来的正向影响。

我国学者在该领域的研究结论与国外学者相似，刘国新和万君康（1997）利用行业数据证明，市场集中较高的行业研发投入水平也较高，与熊彼特（1950）的观点保持一致，而吴延兵（2007）、陈仲常和余翔（2007）却发现行业集中度与研发强度之间并不显著相关。此外，也有学者关注不同行业研发强度的差异，如安同良等（2006）以江苏省为例展开实证研究，发现不同行业间研发投入水平存在明显差异，这是行业要素禀赋不同的结果，张杰等（2007）进一步研究指出，在高新技术行业中，企业有更强的研发投入积极性，而在夕阳产业或成熟产业中，企业缺乏创新动力。

2. 融资约束与研发投入

由于金融市场不完善，交易成本、信息不对称等问题存在使得企业外部融资成本高于内部融资，这将对企业研发活动产生约束作用，限制其研发投入规模。相比其他投资活动，研发活动信息不对称与不确定性程度更高（Hall，1992；Himmelberg & Petersen，1994），使得融资约束成为企业研发投入决策的重要影响因素。在早期的研究中，谢雷尔（1965）、米勒（Mueller，1967）以企业收入作为研发投入的间接约束条件发现两者关系并不明确。后续研究重点关注企业现金流、现金持有量与研发投入之间的关联。

（1）现金流与研发投入。

为考察融资约束对研发投入的影响，许多学者关注企业现金流和研发投入之间的关系，霍尔（Hall，1992）认为研发项目本身具有高保密性特征进而加剧了资金供求者之间的信息不对称问题，其收益率风险和流动性风险又限制了外部融资可得性，因此研发投入严重依赖企业内部资金。希梅尔伯格和彼得森（Himmelberg & Petersen，1994）在其基础上，采用美国小型高科技企业的数据证实，企业研发投入面临较高的外部融资约束，内源融资可获得性成为其研发投入的重要决定因素。

更进一步，法扎里等（Fazzari et al.，1988）指出，当企业面临融资约束时，内部资金不能满足研发投入需求，而外部资金较难获得，其将根据内部现金流作出研发投入决策，因此企业研发投入对现金流的变化表现出较高敏感性。后续研究大多通过考察企业研发投入与现金流之间的敏感性来判断研发活动是否面临融资约束。哈霍夫（Harhoff，1998）利用德国制造业企业数据再次证明了法扎里等（1988）的论断，其后，马尔凯等（Mulkay et al.，2000）对美国和法国的现实情况做了对比研究，发现两国企业研发投入与内部现金流正相关，且美国企业研发投入受现金流的影响更大；邦德等（Bond et al.，2005）比较分析了英国和德国大型制造业内部现金流对研发投入的影响，发现英国公司面临更强的融资约束，从而现金流显著影响其研发投入决策。

我国学者对融资约束与企业投资的研究较多，但是对融资约束和研发投入间关联的研究起步较晚，饶春华（2009）、王文华等（2013）利用上市公司的数据发现，我国企业普遍存在融资约束问题，研发投入与现金流之间保持较高敏感性，外部资金可获得性成为影响企业研发投入的关键因素（谢维敏和方红星，2011）。融资约束的存在会显著抑制企业研发投入，其中，对非国有、小规模及劳动密集型企业的抑制作用更为明显（康志勇，2013）。

（2）企业现金持有与平滑研发投入。

研发活动需要大量资金的持续投入，面临融资约束时，企业倾向于保持较高的现金流储备，以抵御外部冲击对研发活动融资造成的不利影响，平滑研发投入。奥普勒等（Opler et al.，1999）研究了1971～1994

年美国上市公司的现金流持有问题，发现随着研发强度提升，公司现金流持有量随之增加，反而那些能以较低成本从金融市场获得融资（融资约束程度较低）的企业现金流持有水平较低。贝茨等（Bates et al.，2009）考察了美国工业企业现金流持有量激增的现象后指出，研发投入增加是导致该现象产生的重要原因。布朗和彼得森（Brown & Peterson，2011）研究表明，存在融资约束的美国企业普遍利用现金流平滑研发投入，1998～2002年，面临融资约束的小公司利用现金流储备减少了75%的研发投入波动，而不受融资约束的企业并没有使用现金流平滑研发投入，因为其机会成本较高。

我国学者对该问题的关注较少，杨兴全和曾义（2014）利用2005～2007年中国工业企业数据研究发现，公司持有现金可平滑研发投入，融资约束程度越高，这个平滑作用越明显，而金融发展水平提高会弱化该平滑作用。鞠晓生等（2013）指出，营运资本（企业调用调整成本相对较低的资本投资）同样具有平滑研发投入的作用，且该作用与企业所面临的融资约束程度密切相关。

3. 政府干预与研发投入

政府通常利用税收优惠、研发项目补贴与直接资助等政策措施干预企业创新，一般来说，政府干预对研发投入有两方面影响：一方面，政府干预会刺激企业加大研发投入。耶格尔和施密特（Yager & Schmidt，1997）认为，政府支持有利于降低研发项目风险，缩小私人收益与社会收益之间差异，同时，获得政府支持具有信号显示的作用，有利于吸引更多外部资金投入研发活动（Robin，2010）；另一方面，政府干预可能挤出企业研发投入，两者之间存在替代关系（Shrieves，1978；Wallsten，2000）。萨卢（Salu，2002）指出，企业可能更加倾向于实施政府支持计划内的研发项目并依赖于政府资金，这会对企业研发投入产生挤出效应，导致资源配置扭曲（Klette et al.，2000；Jaffe，2002）。

实证研究中，欣洛普（Hinloopen，2000）指出，税收优惠和政府财政补贴对企业研发投入有激励作用，且该激励作用在非合作研发活动中更为显著。霍尔和里宁（Hall & Reenen，2000）分析了税收激励政策对研发投入的影响，发现政府对研发费用的抵扣将促使企业额外增加等量研发投入。然而，瓦尔斯滕（Wallsten，2000）在研究政府直接资助与企业研发投入的关联后指出，政府干预对中小科技型企业研发投入会产生挤出效应，同样，霍格尔和埃里克（Holger & Eric，2007）利用爱尔兰企业层面的数据研究发现，政府向企业提供过多研发项目补贴可能挤出研发投入。

我国学者的研究中，朱平芳（2003）对上海企业的考察发现，政府资助与税收减免均能促进研发投入，但当政府直接资助力度达到一定程度时，其对研发投入的促进作用将减弱。吴延兵（2009）、姜宁和黄万（2010）的研究指出，政府补贴在不同行业存在较大差异，总体上，两者对企业研发投入有促进作用。熊维勤（2011）将研究深入不同补贴领域，认为税收补贴对企业研发投入有负向影响，而研发成本补贴对企业研发活动有激励作用。康志勇（2013）则提出了政府支持影响研发投入的另一条路径，即其通过缓解企业融资约束促进研发投入。

2.2　研发投入的周期行为

长期以来，国内外学者从企业内部与外部两个视角对研发投入水平的各项影响因素进行了大量研究，但已有文献对研发投入周期行为的关注相对较少，国内学者在该领域的研究更是少见。现实经济中，市场机制并不完善，在多种因素的作用下（如机会成本、融资约束等），经济主体研发投入跟随经济周期变动并表现出周期性特征。本节将从研发投入周期行为的特征及成因两个方面对已有文献进行梳理和评述，剖析研发投入与经济周期之间的各作用机制与传导途径，厘清研究脉络的同时，归纳分析已有研究不足之处，为本书指明改进方向。

2.2.1　研发投入的周期行为特征

研发投入周期行为特征（后文简称为周期特征）用以描述研发投入与经济周期的相对变动趋势，若两者同方向变动，则称研发投入呈顺周期特征；若两者反方向变动，则称研发投入逆周期特征。最早对创新投入周期特征的考察可追溯到熊彼特所建立的创新周期论。熊彼特（1939；1942）提出"机会成本假说"并认为较低的机会成本激励企业家在经济紧缩期加大创新投入，形成大规模的"创造性破坏"，继而强力驱动下一轮经济增长。其后，学者们基于成本收益分析从劳动力搜寻匹配（Blanchard & Diamond，1990；Davis & Haltiwanger，1990；Hall，1991）、人力资本积累（Barlevy & Tsiddon，2006）、劳动生产率（Saint - Paul，1993；Atella & Quintieri，1998；Galf & Hammour，1993）、企业重组（Nickell et al.，2001）、新技术应用（Cooper & Haltiwanger，1993；Aghion & Saint - Paul，1998；Francois & Lloyd - Ellis，2003；2008）与企业研发投入（Matsuyama，1999；2001；Walde，2002）等角度反复验证该论断，并预测了研发投入的逆周期行为。此类研究吸收了"机会成本"假说的思想，认为负向冲击会降低创新投入的边际机会成本（用短期生产性活动的边际产出度量），激励企业家加大创新投入力度，继而形成对短期生产性投资（如固定资产投资）的跨期替代，最终使得创新活动表现出逆周期变动的特征。然而，大量基于发达国家总量及行业层面数据的实证研究却得出相反结论，现实情况与机会成本假说的冲突引发了创新周期论研究热潮。

1. 逆周期的创新活动

从劳动力搜寻匹配的视角，戴维斯和哈蒂旺格（Davis & Haltiwanger，1990）发现，1972～1986年，美国制造业在经济紧缩期出现了大规模的劳动力再分配（Labor Reallocation），他们认为较低的机会成本使得在紧缩期增加劳动力搜寻匹配是最优决策，霍尔（1991）、莫特森和皮萨里德斯（Mortensen & Pissarides，1994）的研究得出相同结论；此外，布兰查德和戴蒙德（Blanchard & Diamond，1990）指出，在经济紧缩期进行大规模的劳动力转移并不会有效率损失。从人力资本积累的视角，巴利维和西德登（Barlevy & Tsiddon，2006）认为学习新技能将增加劳动者收入，但这将占用其参加社会生产的时间，机会成本为相同时间所创造的产品价值，因此，在机会成本更低的经济紧缩期学习新技能是最优决策，从而人力资本积累逆周期变化。

从企业重组的视角，尼克尔等（Nickell et al.，2001）考察了企业面临需求下降或者财政压力时是否会在其组织和经营中实施创新行为。他们利用两组英国产业数据证实：第一，当需求下降时，企业利润降低，管理者和工人将会有更多时间去关注企业组织问题，因此，在组织管理中出现创新的概率增大；第二，较差的经营状况增加了企业倒闭的可能性与工人失业风险，管理者和工人都会采取措施尽量避免这种风险发生，其中，一个方法就是采取技术创新以提高生产率。

从新技术应用的视角，施莱弗（Shleifer，1986）最早指出，企业家倾向于在经济扩张期实施新技术以获取更高利润。其后，阿吉翁和圣保罗（Aghion & Saint – Paul，1998）在两种假设条件下（其一是技术水平的提升以产品生产为代价，其二是其不以产品生产为代价）分别考察了新技术应用所导致的技术进步与经济周期的关联。在后一种假设下，经济紧缩在不影响新技术应用成本的前提下降低技术水平提升带来的收益，从而技术进步顺周期变化；而在前一种假设下，应用新技术的机会成本会在经济紧缩期大幅下降，从而为创新活动提供激励，导致技术进步逆周期变动。弗朗索瓦和劳埃德 – 埃利斯（Francois & Lloyd – Ellis，2003）在熊彼特"创造性毁灭"思想和新技术应用周期的基础上将研发活动内生化，证明了企业家在经济繁荣期应用新技术，而在经济紧缩期投入研发活动。随后，弗朗索瓦和劳埃德 – 埃利斯（2008）在不允许平滑消费的假设下得出相同结论，并指出投资率的波动为延迟应用新技术提供了足够激励。

从劳动生产率的视角，比恩（Bean，1990）指出负向冲击能刺激人力资本增长，若企业将更多劳动力投入技术创新，则可投入生产活动的劳动力减少，进而全要素生产率将降低。他的模型成功解释了英国在战争期间出现的生产率提升。圣保罗（Saint - Paul，1993）利用结构 VAR 模型分离出经济增长的波动成分，进而对全要素生产率与经济周期之间的关系进行验证，发现负向需求冲击无论在短期还是在长期中均能促进全要素生产率增长；随后，圣保罗（1997）指出，经济紧缩期将发生创新活动对生产活动的替代，因此，生产率提升是逆周期的。阿特拉和昆蒂耶里（Atella & Quintieri，1998）研究了生产率的主要影响因素及其在经济周期中的变动，认为机会成本效应的存在使得技术创新通常发生在危机时期，因为技术水平的提高要求重新配置生产要素，这将产生额外成本，而该成本在经济衰退期较低。实证研究中，他们利用意大利 9 个行业 1967～1990 年的数据发现，短暂的经济衰退确实有利于生产率提高。

部分学者还注意到经济周期波动对生产率有两方面的影响，高夫和哈默（Galf & Hammour，1993）在研究中提出两个假说，其一，"干中学"假说：即经济扩张更有利于提高生产率，因为"干中学"在该时期将更为集中。其二，机会成本假说：技术创新的机会成本在经济紧缩期更低，导致资源流向创新活动，从而经济紧缩更能提高生产率。为验证经济波动和生产率之间的关系，他们对美国数据考察发现，正向需求冲击在短期中增加就业但在长期中会降低生产率，研究结论支持机会成本假说。莫利和马斯卡特利（Malley & Muscateli，1999）同样从就业的角度考察经济周期与全要素生产率之间的关联，他们对美国制造业行业数据的分析证明，技术冲击对就业周期的影响力度弱于真实经济周期模型中所强调的程度，实际上，劳动力就业逆周期变动；若以劳动力就业冲击代表经济周期，则研究结论同时支持"干中学"假说与机会成本假说。

2. 逆周期的研发投入

从企业研发投入的视角，松山（Matsuyama，1999；2001）在里维拉巴蒂兹和罗默（Rivera – Batiz & Romer，1991）提出的实验室创新模型（lab equipment model）中引入资本积累建立两阶段模型，发现平衡增长路径并不稳定，经济将在两个阶段中循环往复。在低增长率时期，生产性投资低而研发经费支出高，且市场结构为垄断市场，此时经济增长由技术创新推动，表现出熊皮特经济增长模型的特征；而在高增长率时期，生产性投资高而无研发投入，且市场结构为完全竞争，此时经济增长由资本积累推动，表现出新古典经济增长模型的特征，很显然在该理论模型中，研发投入逆周期变动。

沃尔德（Walde，2002）借助机会成本假说和边际产出递减规律论证了研发投入的逆周期行为。他指出，随着资本积累程度提高，研发投入的机会成本（资本积累的边际产出）持续下降，当其低于研发活动边际产出时，所有经济资源将流入研发活动；随后，当新技术提高劳动生产率并刺激经济扩张时，研发投入机会成本会过高，导致所有资源流入资本积累。弗朗索瓦和劳埃德－埃利斯（2003）的研究则关注研发人员工资成本与研发活动预期收益的比较，认为当经济处于紧缩期时前者相对较低，这会引导企业家加大研发投入。巴利维（2004）将上述预期收益范围重新界定为新技术成果带来的所有预期收益现值，并非短期收益，他指出在经济紧缩期，前者在负向冲击的影响下降幅有限，但研发投入机会成本降幅较大，从而为企业家投入创新活动提供激励。

阿吉翁等（2010）建立三期世代交替模型，在完善金融市场中讨论了长期投资（如研发活动、学习新技能或应用新技术等活动）与短期投资（如维护设备、重复购买机器扩大生产等活动）的周期性特征。他们也注意到了经济紧缩对研发活动预期收益及其机会成本的影响具有非对称特征，即研发活动回报周期较长从而不受现期负向冲击的显著影响，但其机会成本（短期投资活动预期收益）在经济紧缩期降幅较大，从而导致研发投入提高。此外，也有研究表明，经济紧缩期机会成本下降对不同行业创新活动的激励作用（机会成本效应）差异较大（Funk，2006），且仅当经济主体能获得足够资金投入研发活动时，机会成本效应才能主导其投资决策，使研发投入产生逆周期行为（Aghion，2012）。

机会成本效应导致研发投入逆周期变动的观点得到国外学者广泛认同，但没有研究直接证明经济中存在研发投入对生产性投入的跨期替代行为。圣保罗（1993）发现需求冲击对研发投入并没有显著影响，即经济紧缩并没有提高研发投入。拉菲蒂（Rafferty，2003b）认为，圣保罗（1993）将企业研发投入看成是同质的做法并不合理，经济周期可能改变了研发经费支出的结构，而未改变其总量。于是他指出，不同类型研发活动之间进行替代的可能性要高于研发活动对生产性活动的替代，原因是：第一，研发人员在不同项目间转移产生的调整成本远远低于研发与生产性活动的替代；第二，研发活动与生产性活动的替代将涉及研发人员在行业中流动，竞争对手可能从中获得本企业的知识溢出，研发人员在企业内部不同项目间流动可避免这种情况发生。据此，他通过对不同类型研发活动之间替代行为的考察发现，发展研发和尖端研发活动（基础研究和应用研究）呈现出不同周期特征。

熊彼特提出创新活动集中在经济紧缩期的著名论断之后，国外学者基于机会成本假说从理论和实证两个方面对创新活动周期特征进行了研究，但研发投入逆周期变动的结论并未得到经验研究的直接支持，原因是基于机会成本假说的理论分析仅关注研发活动成本与收益相对变化对投资决策的影响，忽略了诸多外部因素，模型假设与现实情况相差甚远。

3. 顺周期的研发投入

与机会成本假说的预期相反，大量利用发达国家总量或行业层面数据的实证研究均表明研发投入顺周期变化。在较早的研究中，利兰和派尔（Leland & Pyle，1977）、巴塔查里亚和里特（Bhattacharya & Ritter，1983）基于企业和投资者之间信息不对称问题提出"研发投入受制于企业现金流"的论断，大量后续研究对此反复证实，此类文献从研发活动融资来源的视角、并基于企业现金流波动与经济周期紧密相关的事实（Fazzari，1988），为研发投入顺周期变动提供了间接的证据。霍尔（1992）研究了1976～1987年间美国制造业上市公司（1 500 家）的投资行为，发现研发投入严重依赖企业内部现金流；希梅尔伯格和彼得森（1994）利用179家小型高科技企业的证实，内源融资的可获得性对研发投入有显著正向影响。此外，学者们也利用多国数据展开比较研究，如霍尔等（1998）、马尔凯等（2000）考察了法国、日本和美国制造业的现实情况，均发现企业现金流量与利润的变动对研发投入有显著正向影响，且该影响在美国更强。

另一类研究对研发投入与经济周期的相关性进行检验，为研发投入顺周期变动提供了直接证据。通过时间序列数据的趋势比较，格里里奇（Griliches，1990）、格罗斯基和沃尔特斯（Geroski & Walters，1995）发现英美两国研发投入及其产出（专利）在经济扩张期更高，且与专利相比，研发活动的顺周期性更强。法塔斯（Fatas，2000）考察了美国研发经费支出增长率与经济增长率在1961～1996年的变化趋势，发现两者同方向变化。巴利维（2004）利用NFS的统计数据发现，1954～2002年，美国研发经费支出与GDP增长率之间保持较高协动性。上述研究均是通过对比研发投入与经济周期两个时间序列的变化趋势，发现研发投入的顺周期特征。

在其他研究中，拉菲蒂（2003a）建立回归模型对美国制造业数据研究后发现，研发经费支出与GDP正相关。巴利维（2007）考察了1958～2003年美国研发经费支出的变化趋势，发现其增长率与GDP增长率之间存在正相关关系；欧阳敏（2011a）选取1958～1998年美国制造业行业面板数据，利用工业产出增长率衡量经济周期，发现企业研发经费支出增长率顺周期变动。上述研究均使用经济增长率直接衡量经济周期，与已有研究不同，沃尔德和沃伊泰克（Walde & Woitek，2004）利用多种滤波方法从人均GDP中分离出波动成分刻画经济周期，通过对七国集团1973～2000年的数据研究后发现，人均研发经费支出顺周期变动，实际上，他们的研究关注短周期。科明和格特勒（Comin & Gertler，2006）基于带通滤波方法将研究扩展到中周期（即长度介于 2～200 个季度的经济周期），研究结论仍然表明研发经费支出顺周期变化，虽然其并没有揭示研发经费支出与短期经济波动之间的联系，但可以确定的是，研发投入在经济衰退期确实出现了明显下降，这与机会成本假说的预期相反。此外，也有部分学者将研发投入周期特征的考察深入到不同研发行为，如沃尔德和沃伊泰克（2004）、巴利维（2007）指出，虽然总体研发投入顺周期变动，但其中，实验发展行为顺周期性较强，基础研究和应用研究呈现出较弱的逆周期性。目前，国外学者以"二战"后发达国家宏观经济数据为样本，对研发投入周期特征进行了大量实证研究，结论较为统一，但已有文献对中国现实情况的考察较少。

国内学者对研发投入周期特征的研究尚不多见。较早的研究中，部分学者对我国专利数量和经济周期的关系做了分析，如吴晓波等（2011）利用我国 1986～2008 年 GDP 增长率与授权专利增长率的相对变动趋势揭示了技术创新的顺周期行为；周游和崔建辉（2012）对上述两个时间序列做了格兰杰因果检验和脉冲响应分析，得出相同结论。近期研究中，成力为等（2017）利用 2007～2014 年我国制造业上市公司的面板数据研究了企业创新投资行为并指出，研发投入顺周期变动，且该特征在非国有企业中更明显。秦天程和张铁刚（2015）同样利用上市公司的数据研究发现，融资约束较高时，企业研发投入顺周期变动。此类微观层面的实证分析对企业研发投入周期行为进行了较为深入的研究，文献数量非常有限，遗憾的是，已有研究并未揭示该周期行为的区域性、阶段性差异，而这对于区域创新政策制定有很强的指导意义。

2.2.2　研发投入顺周期变动的成因

现有实证研究，无论是从研发活动融资来源的视角展开研究，还是直接考证研发投入与经济周期之间的协动关系，均发现企业研发投入顺周期变动，这对机会成本假说造成了很大冲击。随后，学者们在创新周期理论模型中引入若干现实因素，基于成本收益分析对经验研究与机会成本假说之间的冲突原因进行解释，如融资约束（Rafferty，2003a；Aghion et al.，2010；2012）、研发活动外部性（Barlevy，2007）、经济波动粘持性（欧阳敏，2011b）及外生冲击异质性等（Harashima，2005；Certler，2006）。此类研究大多承认机会成本效应真实存在，且在紧缩期投入研发活动可大大降低机会成本，但上述诸多因素会导致研发投入出现顺周期偏向。

1. 融资约束

大量研究表明，融资约束是经济主体研发投入决策的重要影响因素，而经济主体所面临融资约束程度与一国金融发展水平密切相关。现金流效应（Rafferty，2003a）的支持者认为，相对于其他投资活动，研发活动的不确定性和信息不对称程度更高，因而面临较强内部、外部融资约束，顺周期变动的融资可得性（刘春红和张文君，2013）在经济紧缩期阻碍了研发投入对生产性投入的跨期替代，又在经济扩张期为研发活动提供了融资便利，进而使得研发投入出现顺周期偏向。阿吉翁等（2010；2012）借助世代交替模型证实了上述论断的正确性，认为在面临流动性冲击时，经济主体需对外融资以保障研发活动的顺利进行，其可获得的外部资金量取决于短期投资活动产出，而该产出受到经济波动的显著影响，使得研发活动在经济扩张期更容易获得融资。他们指出，当一国金融发展水平较低，融资约束对研发投入的限制足以抵消机会成本效应时，研发投入将顺周期变动。秦天程和张铁刚（2015）、程惠芳和文武（2015）再次证实了阿吉翁等论断的正确性。

事实上，经济紧缩对研发投入有两方面的作用力，其通过降低机会成本激励研发投入（机会成本效应）的同时，又使得企业现金流下降进而阻碍研发活动融资（现金流效应）。现实经济中，小型企业的现金流效应相对于大型企业更强，而机会成本效应仅有大型企业以及现金流充裕的企业才有（Rafferty & Funk，2004；关勇军和洪开荣，2012）；同时，当经济衰退时间较长且较为严重时，现金流效应占支配地位，而当经济出现温和衰退或者增速小幅减缓时，机会成本效应占支配地位（Rafferty，2003b）。目前，研发投入顺周期特征的成因解释文献中，该视角研究最为丰富。现实经济中，融资约束问题普遍存在，这不仅降低了研发投入水平，而且促使研发投入产生周期行为，该领域研究对于促进研发投入"稳提升"的理论研究及政策制定有较大参考价值。

2. 研发活动外部性

机会成本假说强调边际机会成本下降对研发投入所产生的激励作用，但巴利维（2007）认为由于研发活动存在外部性，预期收益对经济主体研发投入决策的影响也不容忽视。在较早的研究中，弗朗索瓦和劳埃德－埃利斯（2003）指出企业家在经济紧缩期投入研发活动，并等待至经济扩张期应用新技术以赚取更高收益，相反，巴利维（2007）认为企业家通常会缺乏耐心并立即应用新技术。这是由于研发活动存在技术溢出效应，竞争者可通过技术模仿或在专利权到期后应用该技术而从中获益，致使研发投资者无法获取新技术带来的全部收益（Barlevy，2004），迫使其根据短期利益决策研发投入，进而产生短视投资行为。最终，顺周期变动的利润使研发投入产生顺周期偏向，当短期利润顺周期性足够强时，研发投入将在经济紧缩期出现下降。该领域研究的政策意义较强，即加强知识产权保护，即可改变经济主体的短视投资行为，促使其利用机会成本下降的机会，加大研发投入，降低研发成本。

3. 经济波动黏持性

机会成本假说指出，研发活动预期收益发生在远期，不会因现期负向冲击而发生显著下降；与该观点不同，欧阳敏（2011b）认为较高的经济波动黏持性（cyclical persistence）会在经济紧缩期显著降低研发活动的预期收益，导致企业家减少研发投入。根据巴利维（2007）、阿吉翁等（2012）的研究，在负向冲击下，研发活动边际机会成本和预期收益会同时下降，经济主体研发投入决策取决于两者的相对下降幅度。经济波动黏持性较强则表明下期经济波动和当期高度相关，使得研发活动预期收益在现期经济紧缩的影响下就会出现明显下降，缩小了上述两者之间的差距，导致研发活动出现顺周期偏向。实际上，欧阳敏也承认融资约束对研发投入顺周期特征的贡献。巴利维（2004）肯定了上述观点，认为在熊彼特的创新周期理论框架下，若外部冲击的持续性足够强，研发活动也会出现顺周期行为。

4. 外生冲击异质性

很多学者从外生冲击异质性的视角论证了研发投入出现顺周期行为偏向的原因。原岛（Harashima，2005）关注不同类型外生冲击对研发投入的影响，他认为立足于机会成本效应的创新周期理论研究将技术冲击作为外部冲击源，相反，支持现金流效应的研究均假设外部冲击源为需求冲击，随后，他将外生冲击来源分为技术冲击与需求冲击，发现后者将导致研发投入顺周期变化。据此可知，解释研发投入顺周期变动成因的方法之一在于分析外生冲击源。此后，科明和格特勒（2006）发现技术冲击也同样会导致研发投入顺周期变动，他们采用弗朗索瓦和劳埃德－埃利斯（2003）的方法将创新区分为研发和实施新技术两个阶段，并假设研发活动可促成新型中间品产生。当正向技术冲击引发经济扩张时，应用新型中间品所产生的利润流（即研发活动预期收益）上升，激励企业家加大研发投入。

5. 其他成因

除上述研究之外，也有学者从股利分红、研发投入成本、博弈论等角度论证了研发投入的周期行为成因。沃尔德（2005）在包含资本积累的质量阶梯模型中论证了研发活动的顺周期特征，他指出成功的研发活动股利分红顺周期变化，经济扩张期，更高股利分红减弱了边际收益递减对研发投入的消极影响，增强经济主体研发投入积极性。弗朗索瓦和劳埃德－埃利斯（2009）、科川（Shinagawa，2013）建立不存在外部冲击的内生经济周期模型，前者将技术创新划分为三个阶段：研发、商业化和创新，他们证明，企业家通常在扩张期来临时应用新技术，经济紧缩期，创新成果得不到应用导致其价值下降，相反，研发活动的成本并没有显著下降，此时研发活动中止，从而其顺周期变化；后者在松山（1999；2001）建立的非连续研发投入模型中引入人口增长与负外部性对研发效率进行冲击，证明了研发投入顺周期变化。与上述研究不同，卢克拉兹（Luckraz，2013）吸收了博弈论思想，认为经济主体自主创新与模仿创新的战略相机抉择同样也会导致研发投入波动，但波动的周期特征不明确。

综上所述，国外学者关于研发投入周期特征主要有两种观点，基于机会成本假说的理论研究认为研发投入逆周期变化，而这个结论并没有得到经验研究的直接支持，另一部分经济学家基于经验证据认为研发投入顺周期变化。为解释经验证据与机会成本假说的冲突原因，学者们引入诸多现实因素并基于成本收益分析对理论模型进行修正，这些理论解释一方面引入外部因素作用于研发投入预期收益，进而影响经济主体研发投入决策，另一方面强调融资约束对研发投入的制约作用，也有少数文献关注异质性外生冲击所导致的研发投入周期，诸多因素均可导致研发投入出现顺周期偏向。要深入研究研发投入周期行为，需选择合适的研究视角。

在上述诸多成因中，首先，经济波动黏持性、研发活动外部性两因素均作用于研发活动预期收益，进而影响经济主体研发投入决策。实际上，企业家对预期收益的价值判断主观性较强，利用客观数据对其度量则较为困难，后续文献很难基于此展开进一步研究；其次，根据真实经济周期理论，现实经济中外部冲击来源、力度与持续期间随机性较强，一定程度上并不可控，不同类型（来源）冲击在经济中随机出现，理应使研发投入表现出不稳定、随机性的周期波动，但大量实证研究表明"二战"后各国研发投入周期行为的特征稳定且单一，因此，外部冲击异质性并不能很好地解释研发投入的顺周期行为成因；最后，融资约束是世界各国普遍存在的难题，尤其在发展中国家，金融发展落后和金融抑制现象更为严重。一方面，融资约束是经济主体研发投入决策的重要影响因素，经济主体所面临的融资约束程度与区域金融发展水平密切相关；另一方面，融资约束通过金融发展战略与宏观政策调节可成为可控因素。因此，本书将从金融发展视角考察研发投入的周期特征及其稳提升策略，这不仅将把握研发投入与经济周期之间的重要关联机制，也有助于提出更加可行可操作的政策建议。

2.3 金融发展与研发投入

从戈德史密斯（1969）的金融结构论开始，金融发展理论研究已有近50年的历史。早在1912年，熊彼特在其著作《经济发展理论》中就提出了两个影响深远的观点：其一是企业家对暂时性垄断利润的追逐促成创新活动产生；其二是银行创造信用的能力推动经济发展。功能齐全的银行体系能够识别、支持那些成功开发并产业化创新产品的企业家，从而鼓励企业家进行技术创新活动、进而推动经济增长。熊彼特认识到了金融中介对于经济增长的重要性，首次将金融中介发展置于经济发展核心地位。然而，长期以来，金融对实体经济的作用并未受到经济学家的重视。古典经济学派支持货币中性论，在这个假定之下，金融因素并不影响实体经济，从而金融与创新活动之间并无关联，直至货币经济理论被创立后，金融因素对实体经济的重要性才得到国外经济学家的认可。

在金融发展理论[①]初创阶段，戈德史密斯（1969）提出了金融结构论为金融发展理论研究打下坚实基础，但由于当时计量方法缺陷和数据不足，其未能确定金融发展与经济增长间的因果关系。到了20世纪70～80年代，麦金农（1973）和肖（1973）提出金融抑制论与金融深化论并开始关注发展中国家金融发展问题，两理论基于严格数学模型，强调

---

① 金融发展理论着重研究金融发展与经济增长之间的关系，以及金融发展促进经济增长的作用机制，其实质是突出金融发展在经济增长中的重要性。

利率对金融发展与经济增长的重要影响，主张实行金融自由化，但其理论体系缺少效应函数，假设条件过于严格（冉茂盛，2003），提出的金融自由化政策过于激进，且没有注意到金融体系在资源配置、风险管理等方面的重要功能，因此，在麦金农－肖理论体系中，金融发展仅能促进资本积累，对创新活动并无影响。这个时期流行的新古典增长理论认为，资本形成仅决定经济增长率水平，不具备增长效应，结合此时金融发展理论中"金融仅影响资本形成"的观点，金融发展的价值被大大降低。其后，卡普尔（Kapur）、加尔比斯（Galbis）和弗里（Fry）等经济学家进一步丰富完善了麦金农－肖的理论体系，但并未突破其理论框架，以至于卢卡斯（Lucas，1988）断言经济学家过分强调了金融对经济发展的作用。

到了 20 世纪 90 年代，以金（King）和莱文等为代表的经济学家将金融发展理论研究带入新的发展阶段。这个时期的金融发展理论研究基于内生经济增长模型，在理论分析中考虑了与现实情况比较接近的因素（比如金融市场不完善、不完全竞争、信息不对称性、监督成本、不确定性、外部性等），以金融系统功能为研究对象，解释了金融中介和金融市场的内生形成机制以及金融发展促进经济增长的作用机制，形成金融功能论，此时，金融发展促进技术创新及研发投入的作用机理才被经济学家们所厘清。学者们对金融发展与研发投入的研究很大程度上依赖于对金融功能的认识。本节将从金融功能观出发，回顾、梳理和评述国内外学者在金融发展与研发投入之间关系的已有研究。

2.3.1 金融功能观视角下金融发展与研发投入的理论研究

19 世纪初期，经济学家们就认识到了金融发展对创新投入的重要作用。熊彼特（1912）认为银行的功能是向企业家提供信贷，支持创新投入。到了 20 世纪 90 年代后，经过金、莱文、默顿（Merton）和博迪（Bodie）等学者的研究，学术界对金融系统功能的认识不断深化。默顿和博迪（1995）认为金融系统主要功能是在不确定性的情况下跨时间和空间配置金融资源。具体来说，金融系统功能体现在清算和支付、筹集资金并优化配置、跨时间、地区与行业转移资源、管理风险、提示信息、解决信息不对称情况下的激励问题等六个方面。莱文（1997）认为信息成本和交易成本的存在促使金融中介和金融市场形成，金融系统功能可分为五大类，第一，规避、分散和分担风险，便利风险交易；第二，配置资源；第三，监管经理人员并促进公司治理；第四，动员储蓄；第五，便利商品和劳务交易。默顿和博迪（2005）结合行为金融理论、新古典金融理论和新制度经济学提出了金融功能和结构理论，认为金融体系的形式和运行方式因不同时期和地区而不同，但金融系统功能是相对稳定的：

1. 动员储蓄并配置资源

动员储蓄并配置资源是金融系统基本功能。金融系统通过集中分散的家庭储蓄，并将其转化为投资，为大规模和长期投资活动提供资金支持，建立起资金需求者和资金供给者之间的纽带，调剂社会中的资金余缺（白钦先和谭庆华，2006）。研发活动往往需要大量资金的连续投入，仅依靠自有资金无法满足投资需求，而如果直接从社会中分散的储蓄者手中筹资，将产生双边契约问题，增加交易成本和信息成本（方圆，2013）。金融中介凭借其规模经济和声誉优势（王翔，2009）降低交易成本并克服信息不对称问题，能有效汇集分散的家庭储蓄，并投入风险项目，满足研发活动的大规模资金需求，提高社会资金利用效率。

2. 提供信息

信息不对称问题将阻碍金融资源流入回报较高的研发活动中。企业通常比投资者了解更多信息，容易产生逆向选择行为和道德风险，因此，投资者在事前需要获得企业和投资项目信息，然而收集、评估企业财务状况、投资项目及经营管理等方面信息需要付出高额成本，个人投资者没有足够能力进行此项工作并承担其成本，加之"搭便车"行为，进一步阻碍个人生产信息的积极性，如果经济中不存在金融系统，高昂信息成本将阻碍资金流动。金融系统在收集和处理信息方面具有规模优势，一方面，金融中介能生产更为有效的信息（Greenwood & Jovanovic，1990），其在信息获取方面的规模经济效应将大幅降低信息成本，同时，金融中介可以代替个人储蓄者对公司经营管理状况与投资项目信息进行收集和评估以决定是否发放贷款；另一方面，股票市场的信息纰漏机制促进信息生产，使公众及时掌握公司经营管理状况和财务状况等信息（King & Levine，1993b），有效降低信息获取和处理的高额成本。总体来说，金融发展可通过降低信息获取和处理的成本，缓解信息不对称问题，改善资本配置效率，鼓励更多资金流入研发活动。

3. 公司监督

公司治理的核心问题是所有权和经营权分离情况下，股权持有者（所有者）和债权持有者如何影响管理者行为以实现公司利益最大化。公司监督的缺乏，将阻碍储蓄者手中资本集中于投资价值高的项目（Stiglitz & Weiss，1983），不利于研发活动融资。金融发展可以提升有关公司治理信息的获取能力，有助于高效地对公司进行事前与事后监督，促使管理者以公司价值最大化为目标，改善资本配置效率，使储蓄者更加愿意为公司的生产与研发活动提供融资。

在分散经济中，个人储蓄者因无法承担监督借款人行为的成本因而无法观察借款人行为，"搭便车"也将阻碍个人监督的努力，而金融系统可有效进行公司监督。首先，金融中介通过限制性贷款合约控制公司经营活动，并对合约执行情况进行监督检查，使其与贷款人利益保持一致，并且，金融中介与借款者建立的长期关系有利于解决合约不完备导致的动态不一致问题，使公司避免采取机会主义行为而着眼于长期利益；同时，作为公司资金的重要来源，金融中介有权对无法履行债务的公司进行清算，据此控制监督公司管理活动与投资行为，优化公司治理环境（陈尊厚，2008）。其次，在资本市场中，一方面，公司所有者可以通过股权激励协调代理人与委托人的利益；另一方面，公司管理状况和证券价格紧密联系，股价能够有效反映公司各方面信息，经营业绩不佳的公司则有可能被收购、管理者被解雇，这种威胁的存在有利于管理者与股东利益保持一致（Jensen & Murphy，1990）。

4. 风险管理

风险管理是金融系统的重要功能，金融市场和金融中介发展在为研发活动提供融资支持的同时，通过降低交易成本和信息成本来汇集、分担、分散投资者和企业家在研发活动中承担、面临的风险，促进研发投入。上述风险表现为三种类型：横截面风险、跨期风险及流动性风险（Allen & Gale，2000；杨佳余，2006）。

首先，金融发展通过横向风险分散，一方面允许拥有闲置资金的风险厌恶者持有存款或者有价证券，提高资产流动性；另一方面，资金短缺的风险偏好者通过持有银行贷款或在金融市场以股票、债券等方式筹措资金（Greenwood & Jovanovie，1990；King & Levine，1993b；Obsfeld，1994），解决资金需求的时滞性问题，增强外部冲击抵御能力。金融市场通过资产投资组合分散横向风险，从而吸引更多资金投向高风险的研发活动。

其次，横向风险分散功能无法消除诸如宏观经济冲击之类的系统性风险，因此经济中产生对跨期风险分散的需求。金融中介具有跨期风险分担功能（Allen & Gale，2000），其通过提供各种期限和收益率的项目来完成此项工作，如在经济扩张期提供收益率较低的长期项目，并在经济紧缩期提供收益率较高的长期项目。金融中介具备金融市场所不具有的系统风险分散功能，但金融市场在分散非系统风险时更具优势。

最后，流动性风险源于资产和交易媒介转换时的不确定性，信息不对称问题和交易成本加剧了流动性风险，而金融中介和金融市场可分散该风险，促进研发投入。金融中介允许个人储蓄者持有银行储蓄，将高流动性和低收益进行组合，降低资产流动性风险（Diamond & Dybvig，1983；Beneivenga & Smith，1991），促进对收益高但流动性较差的项目投资，有利于提高研发投入；金融市场通过股权交易将流动性差的项目收益权变现，改变真实资本的收益期限与结构（Levine，1991；陈尊厚，2008），降低流动性风险，激励更多资金流入非流动、高回报的研发项目。

2.3.2 内生增长理论框架下金融发展与研发投入的理论研究

20世纪80年代，以罗默和卢卡斯为代表的内生经济增长理论开始兴起，该理论将技术进步、人力资本与专业化分工内生化，弥补了新古典增长理论的不足，并指出技术创新带来的技术进步与生产率水平提高是经济增长源泉，随后，阿吉翁和豪伊特（Aghion & Howitt，1992）、阿吉翁（2004）将资本积累内生化，认为资本积累和技术创新是实现经济增长所不可或缺的两要素。随着内生经济增长理论研究视角的不断扩展，一些经济学家将金融因素纳入分析框架，认为金融发展通过提高储蓄投资转化率与资本配置效率，降低金融机构与技术开发者之间的信息不对称程度，为技术创新和研发活动提供融资服务，提高技术水平。

1. 金融发展、资本配置效率与研发投入

金融发展可降低信息成本与交易成本，通过对投资项目信息进行收集、评估，或提供风险分担，引导投资者投资于风险大但回报率高的项目，提高资本配置效率。随着内生增长理论的出现和发展，学者们将金融变量内生化，分析金融系统在提高投资效率与创新投入等方面的作用。格林伍德和约万诺维奇（Greenwood & Jovanovic，1990）认为社会资金可被投资于收益率低、风险低的项目或收益率高、风险高的项目，投资风险源于（行为人不能区分的）共同冲击和项目冲击。金融中介有很强的投资组合能力，面对外部冲击时，它可以通过改变投资组合来规避风险，将资金导向收益率最高的项目，如研发活动。

贝尼文加和史密斯（Beneivenga & Smith，1991）基于戴蒙德和迪布维格（Diamond & Dybvig，1983）的流动性保险模型，研究金融中介的资源配置功能，他们发现，不确定性促使居民偏好持有流动性较强但收

益率低的资产，而金融机构的存在允许居民持有银行储蓄，一方面，这改变了居民储蓄结构，即增加对流动性差但收益率高的资产持有，提高投资－储蓄转化率，扩大创新投入来源；另一方面，这避免了当事人因流动性需求而推迟投资或者提前收回未到期的投资。格林伍德和史密斯（1997）沿着贝尼文加和史密斯（1991）的思路，指出银行通过消除经济主体面临的流动性风险，在增加资本投资－储蓄转化率并防止未到期投资提前变现的同时，将资本配置到边际生产率更高的项目，提高金融资源配置效率。莱文（1992）从金融中介功能角度提出金融发展促进经济增长的两条途径，其一就是金融中介允许投资者持有多样化的投资组合并消除流动性风险，鼓励企业投资于技术创新项目，增加研发投入。帕加诺（Pagano，1993）指出，金融中介通过收集信息并评估投资项目、分散风险引导经济主体投资于风险高但生产率也更高的技术两条途径，将资金导向边际产出更高的项目。

2. 金融发展、信息不对称与研发投入

研发活动存在较严重的信息不对称问题。现实经济中，金融市场不完善，企业了解研发项目的风险及预期收益情况，而金融机构却无法确定其风险水平，因此，在按照期望收益向企业提供贷款时，往往对优秀企业提出的贷款条件偏高，相反，向劣质企业提出的贷款条件偏低，增加研发项目平均融资成本。金融系统的发展可以提高金融机构对企业研发项目的甄别效率，加强企业监督，降低信息不对称程度以及由此导致的逆向选择与道德风险等问题，提高研发投入。

金和莱文（1993b）强调金融中介对企业家创新能力的事前评估，认为良好的金融体系通过四条途径影响企业家技术创新行为：第一，对潜在企业家创新、经营能力进行评估并识别最具前景的科技创新项目。这个活动耗费大量固定成本，需要金融中介完成。第二，对创新项目提供资金支持。创新项目所需资金远远超出个人投资能力，金融中介可聚集单个投资者的资金，扩大资金来源。第三，分散创新活动的不确定性风险。金融中介筹集大量资金投资于大量创新项目，分散单个投资者和企业家面临的不确定性风险。第四，显示创新活动的预期利润。通过这四条途径，金融中介可鉴别最具前景的企业家和创新项目，向其提供资金支持并分散风险，促进研发投入与生产率提高。

金融中介对企业家努力程度的监督同样可有效规避信息不对称问题所导致的道德风险。芬特和马丁（Fuente & Martin，1996）从该角度入手分析金融发展对技术创新的影响，认为金融中介不存在时，单个投资者分别对企业家进行技术创新的努力程度进行监督，造成重复监督，浪费资源；同时，个人投资者持有种类有限的证券不能有效分散投资风险。金融中介作为中间人，代替个人投资者监督企业家，避免重复监督，缓解信息不对称问题，并通过持有分散的证券组合，有效分散创新风险，鼓励技术创新，增加研发投入。

此外，风险投资的发展对研发投入也有重要推动作用。第一，风险投资通过解决科技型企业资金难题、参与公司管理、实行更具侵略性的发展策略等方式促进其发展。小型和新建立的创新企业投资大，风险投资能较好地解决研发活动融资过程中所碰到道德风险以及高融资成本等问题，对研发投入有促进作用，但是风险投资解决企业资金缺口的能力是有限的，尤其是在股票市场并不发达的国家，风险投资基金只针对某些领域，而且要求发达的创业板市场为早期投资者提供退出机制（Hall，2002）。第二，风险投资者拥有董事会权利、监管公司与雇佣管理层的权利，其通过这些权利参与公司管理，缓解投资者与技术开发者之间的信息不对称问题，降低研发活动融资成本，并利用其专业才能，促使科技型企业发展壮大（Kaplan & Stomberg，2002）。

2.3.3　公司金融理论下的融资约束与研发投入理论研究

现代公司金融理论的开山之作是莫迪利亚尼和米列尔（1958），他们认为，在有效运行、无税收、激励和信息问题的完善金融市场中，资本可以自由流动，企业资本结构不影响其价值和投资行为，即投资融资途径无论是自有资金、债务融资还是股权融资，融资成本均不存在差异，企业投资决策只取决于生产投资需求。然而在现实经济中，金融市场并不完善，信息不对称所导致的道德风险和逆向选择问题普遍存在，使得企业普遍面临融资约束（Myers & Majluf，1984）。异质性企业面临不同程度的融资约束，融资约束程度及融资方式选择的差异又对其投资行为产生重要影响，尤其是不确定性较高的研发活动投资。如前文所述，相对于其他投资活动，研发活动面临更严重的信息不对称问题，为了避免竞争对手获悉研发项目信息，企业家倾向于降低信息披露质量或维持信息不对称程度，在金融发展程度较低时，外部投资者无法准确评估研发项目价值并以合理价格提供融资，研发活动依赖于内部融资（Hmmelberg & Petersen，1994），因此，相对于其他投资活动，研发投入对企业内部现金流的变化更加敏感，霍尔（2002）利用美国制造业的数据对此进行了验证，发现内部现金流对研发投入有显著正向影响。

若内源资金不足，难以获得银行贷款或以股票、债券等方式获得外部融资时，企业将面临融资约束。霍尔和勒纳（Hall & Lerner，2010）对规模较小的科技型企业研究后指出，由于研发活动风险较高，加之资本市场不完善，委托代理问题和交易成本的存在导致研发活动易受到外部融资约束。恰尔尼茨基和热滕罗特（Czarnitzki & Hottenrott，2011）通过研究融资约束对研发与资本投资的不同影响后发现，研发活动更加依赖于内部资金而面临更强融资约束。若企业研发活动过度依赖内部资金，则经济周期引起利润波动将导致不稳定的内源资金可获得性，加大研发项目由于缺乏资金而中断甚至失败的风险，降低研发投入水平。金融发展可拓宽企业外部融资渠道（Rajan & Zingales，1998；谢维敏和方红星，2011），减轻企业对内部现金流的依赖程度（Isam & Mozumdar，2007），降低融资约束对研发活动带来的不利影响，保障研发投入的稳定性和持续性。随着金融发展程度提高，一方面，金融中介收集、处理信息的效率提高，缓解研发活动的信息不对称性问题，银行等金融机构能以较合理的价格向企业提供贷款，进而降低企业面临的融资约束（余明贵和潘红波，2008）；另一方面，地区金融资源增多、金融结构优化、市场竞争程度和资源配置效率提高将为企业提供更多融资来源，缓解企业（尤其是中小企业）融资约束。

2.3.4 基于结构观的金融发展与研发投入理论研究

不同的金融体系构建基于不同金融安排，在以银行为主导的金融体系中（如德国、日本等国），储蓄、资本分配、企业监督、风险管理等金融服务主要由银行提供；而在以市场为主导的金融体系中（如英国、美国等），股票市场发挥着和银行同等重要的作用。结构视角的金融发展理论研究旨在讨论两种金融体系对技术创新或研发活动影响的差异，辨别两种金融体系优劣。综合诸多经济学家的观点，不同结构的金融体系支持研发活动时各具优势，这和一国法律制度、金融发展程度与经济发展水平密切相关。

1. 商业银行与研发投入

与金融市场相比，商业银行是否更有利于企业技术创新或研发活动，学者们所持观点不一。格申克龙（Gerschenkron，1962）是金融结构领域的先驱，他认为，在经济发展早期阶段，金融体系比较落后，社会制度环境不能有效支撑金融市场发展，此时，银行要优于资本市场。强有力的银行可依靠自身监管实施债务合同，为研发活动提供资金支持（Rajan & Zingales，2001；林毅夫和徐立新，2012）。拉詹（Rajan，1992）却认为商业银行并不能有效支持研发活动，原因是银行花费高额成本获取企业信息，提取大量租金，利用自身在金融交易中的强势地位侵占创新活动部分收益，削弱企业研发动力，同时，银行具有保护大企业并防止新建创新企业进入的动机（Hellwig，1991），同样不利于提高社会研发投入。

大规模的银行组织结构复杂，委托代理问题较为突出，难以有效评估新创企业创新项目，同时，银行风险管理实际上是将风险内部化，其所能承受的风险比较有限，因此更加倾向于低风险、低收益的项目，对于风险较大、不确定性较高的研发活动有规避动机，不能有效支持研发活动（Morck & Nakamura，1999；Boot & Thakor，2000）。此外，经济发展早期，银行占主导地位，一国由计划经济向市场经济转轨的过程中，银行会服从政府行政命令而大力支持劳动密集型产业以吸纳就业并稳定社会经济政治，反而对技术创新支持不足（La Porta et al.，2002）。

银行业竞争程度同样影响商业银行对研发活动的支持作用，适度竞争的银行结构最有益于企业研发活动，相反，银行垄断将导致其更大程度地侵占企业创新租金（Boot & Thakor，1997；Hunag & Xu，1999），抑制研发投入。然而，另一部分学者提出相反观点，认为银行业适度垄断更有利于支持创新。第一，银行业适度垄断可规避过度竞争带来的金融不稳定等不利影响，有助于银行体系自身的发展；第二，大银行与企业建立起的长期借贷关系可使其更有效地评估甄别借款者，实现信贷风险和收益的平衡（Petersen & Rajan，1994；Rajan & Zingales，1998；Cetorelli & Gambera，2001）。卡林和迈耶（Carlin & Mayer，2003）以OECD 国家为研究对象，发现银行集中度对企业创新与经济增长的支持效果在不同经济发展阶段存在差异，经济发展初期，银行垄断程度越高则越有利于经济发展，而当经济发展到创新驱动阶段后，较高的银行集中度反而不利于经济增长与创新活动。可见，银行竞争对研发活动的影响会因一国制度与经济发展阶段的差异而不同。

2. 金融市场与研发投入

金融市场可以克服商业银行的不足，更适合高风险的创新项目融资（Allen，1993；Morck & Nakamura，1999），其通过投资组合或者融资多元化分担、分散风险（Saint – Paul，1992），与商业银行相比，所能承受的风险程度以及风险管理效率都将更高，从而高风险的研发活动更适宜在资本市场进行融资。银行通过发放贷款取得固定收益索取权，而股票市场是一种动态的剩余索取权，因此，研发强度高、增长潜力大的企业更加适合依靠股票市场获取外部融资（Macey & Miller，1997）。艾伦和盖尔（Allen & Gale，1999）关注金融中介和金融市场在评估新技术方面的机制差异，他们认为金融市场允许多样化的投资选择，而金融中介有效运行依赖于投资者和金融中介对投资机会的一致认识，因此，金融中介更有利于支持技术成熟、不确定性较低的项目，金融市场则更有利于支持不确定性较高、投资者对投资机会认识差异较大的项目。

在金融市场中，公开的信息披露机制能快速传递企业信息和投资项目信息，更有利于创新型企业外部融资。银行主导的金融体系和市场主导的金融体系存在着一定差别，在金融发展较落后的国家中，银行系统支持创新和经济发展更具优势，相反，在金融市场较发达的国家中，金融市场要优于银行系统（Tadesse，2000）。拉詹和津加莱斯（2001）研究了关系型融资与金融市场融资方式的优劣，指出在契约约束力不足、资本相对稀缺的环境下，关系型融资更有利于对借款者进行监督，相对于金融市场融资更具优势；而在相反的环境下，关系型融资会阻碍价格信号形成与资源配置优化，从而金融市场融资对于创新更有效。可见，在较发达的金融体系中，金融市场的发展更有利于支持企业技术创新和研发活动。

巴塔查里亚和基耶萨（Bhattacharya & Chiesa，1995）研究融资方式对企业研发动力的影响，他们假设存在两种融资方式，多元融资和双向融资。前者指每家银行向企业提供一部分资金，与金融市场融资方式相同，后者指一家银行专门为一家企业提供融资，与银行信贷融资方式相同。研究发现，在多元融资方式下，多家银行对企业研发项目进行评估后共享信息，有可能达成共谋并集中向同一家企业提供融资，经济中会出现研发动力不足的问题，促使社会融资向双向融资转变，即每家企业由单一银行单独提供融资，限制信息共享。

风险投资是金融市场的重要组成部分，对于弥补中小科技型企业资金缺口有非常重要的意义（Himmelberg & Petersen，1994），在这种投资方式下，创业者提供技术，风险投资机构提供资金和管理经验，两者结合的新方式可有效促进研发创新（Keuschning，2004）。处于成长期阶段的高科技企业以无形资产为主，经营不确定性大，风险较高，无法从风险承受能力弱的金融中介获取融资，风险投资机构可在一定程度上弥补这些企业的融资缺口。

2.3.5　金融发展和研发投入的实证研究

对金融发展进行经验研究的先驱是戈德史密斯（1969），他使用大量跨国数据考察金融发展对经济增长的促进作用，但研究中存在一系列不足（Levine，1997），如样本有限、金融中介规模不能衡量金融系统功能、没有发现两变量间的因果关系等。其后的经验研究在弥补上述研究不足的基础上，着重检验了金融发展促进经济增长的作用机制，包括资本积累、全要素生产率、资源配置等，这里主要梳理和评述金融发展与研发投入的实证研究。

1. 金融发展衡量方法

目前国内外金融发展的相关实证研究中，主要有两种金融发展衡量方法：其一是结合金融中介和金融市场从整体上度量一国金融发展程度（Khan & Snhadji，2000；Levine，2002），这种衡量方法在实证分析中使用相对较少，因此本书不做详细介绍；其二是"两分法"，即从金融中介和金融市场两方面度量金融发展，其中，在度量金融中介发展时，多使用金融相关比率、金融深化程度、非货币金融深度或银行信贷比率等指标。此外，樊纲等（2009）提出"金融市场化指数"也被我国学者广泛应用。

第一，金融相关比率（financial interrelations ratio，FIR）。这个指标由戈德史密斯（1969）在他开创性的研究中提出，指某一时点全部金融资产市场总值与实物资产价值的比值，其变化可以衡量和反映一国金融发展趋势。金融相关比率的计算公式过于复杂，实际运用中往往采用金融资产总量占 GDP 比重来表示，金融资产总量由货币性金融资产和非货币性金融资产共同构成，前者使用广义货币 M_2 表示，后者是所有银行金融机构贷款与有价证券的价值总和。

第二，金融深化指标。这个指标由麦金农（1973）提出，又称作货币化程度，采用货币存量 M_2 与国民生产总值比值表示。在实际运用中，其常被简化为 M_2 与 GDP 的比值，但是莱文和泽尔沃（Levine & Zervos，1998）指出这个指标实际上与经济增长并没有理论联系，其既不能体现负债来源，也不能反映金融资源配置。阿雷斯特斯等（Arestis et al.，2001）考虑到国内信贷对不发达国家经济发展的作用，提出贷款占国内生产总值份额这个指标，即贷款相关比率。

第三，非货币金融深度（non-monetary financial depth），金和莱文（1992）将其定义为准流动负债（QLLY）与 GDP 之比，计算方法是 $\dfrac{(M_3 - M_1)}{GDP}$，这个指标消除了金融资产中的货币成分，能更精确地体现出金融中介规模。

第四，金和莱文（1993）提出了三个金融发展度量指标。一是 LLY，使用金融中介（包括银行和非银行金融机构）流动负债占 GDP 的比例表示，反映金融中介相对规模，通常情况下使用 M_2 占 GDP 的比重来衡量。二是 BANK，使用商业银行国内资产在其和中央银行总资产中所占比例来表示，反映金融系统结构，该比值越大则表明金融中介效率越高，其暗含一个假设，即商业银行资源配置效率相比中央银行更高。三是 PRIVATE 和 PRIVY 指标，分别使用提供给私人部门的贷款占总借贷和 GDP 的比重来表示，反映银行系统向私人部门提供资金融通的程度，其值越大，说明金融体系资金配置效率越高。

第五，莱文（2002）提出了存款银行信贷比率（bank credit ratio）与私人信贷比率（private credit ratio）指标，前者用私人部门从存款银行取得贷款占 GDP 比重表示，后者使用私人部门从金融中介获得贷款（包括从非存款银行取得的贷款）占 GDP 的比重表示，相对于前者更能全面衡量金融中介发展程度。本书将衡量金融中介发展程度的各项指标按照其功能分类展示，如表2-1所示。

表2-1　　　　　　　　　　金融发展指标汇总

简称	名称	来源	描述及意义
金融中介规模与深度			
FIR	金融相关比率	戈德史密斯（1969）	某一时点全部金融资产市场总值与实物资产价值的比值
M_2/GDP	金融深化程度	麦金农（1973）	M_2与国民生产总值比值，可以反映一国金融深化程度
LLY	流动性负债比例	金和莱文（1993）	金融中介（包括银行和非银行金融机构）流动负债占GDP的比例，反映金融中介相对规模
BANK	商业银行资产比率	同上	商业银行国内资产在其和中央银行总资产中所占比重，度量在配置信贷时，商业银行相对于中央银行的重要性
$(M_3 - M_1)$/GDP	非货币金融深度	金和莱文（1992）	流动负债与GDP之比，这个指标消除了金融规模中的货币成分，能准确体现金融中介规模
Credit/GDP	贷款相关比率	阿雷斯特斯等（2001）	贷款与国内生产总值之比
金融中介效率			
Bank Credit Ratio	银行信贷比率	莱文（2002）	私人部门从存款银行取得的贷款占GDP比重
Private Credit Ratio	私人信贷比率	同上	私人部门从金融中介取得的贷款占GDP比重，金融中介中包括存款银行和非存款银行
PRIVATE	私人部门信贷比率	金和莱文（1993）	提供给私人部门贷款占总借贷的比重，其值越大，表明私人部门获得的贷款规模越大，资金配置效率越高
PRIVY	私人部门信贷比率	同上	提供给私人部门的贷款占GDP比重，含义同上
Credit/Save	金融效率		信贷总额占储蓄总额比重

简称	名称	来源	描述及意义
金融市场发展			
Market Capitalization Ratio	股市资本化	卡恩和斯纳吉（Khan & Snhadji，2000）	股票市场总市值占 GDP 比重
Total Value Traded Ratio	股市交易比率	莱文（2002）	股票市场交易额占 GDP 比重
Turnover ratio	股市效率	莱文（2002）	股票市场交易总额占股票总市值的比重

在度量金融市场发展时，国外学者多从规模和效率两个方面建立指标。其一，金融市场规模指标主要包括一级市场规模与二级市场规模，前者通常使用股票发行总额或私人长期债券发行总额占 GDP 的比重表示，反映社会通过证券市场进行直接融资的规模，这个指标与"银行信贷/GDP"并列，反映一国直接融资与间接融资的结构与相对规模；其二，金融市场效率指标主要表现为市场活跃度和集中度。股票市场活跃度一般使用交易比率与股市换手率来衡量，前者从总量角度反映流动性，通常使用国内股票交易量占 GDP 比重表示，后者利用国内股市交易量与股票市价总值的比值表示。证券市场集中度一般使用市值最大的十只股票总值占股票市价总值之比来衡量。金融市场发展程度的各项衡量指标如表 2 - 1 所示。

此外，金融市场化指数被我国学者广泛用来度量我国金融发展程度（解维敏和方红星，2011；江伟，2013），这个指标由樊纲等在《中国市场化指数—各地区市场化相对进程 2009 年报告》中首次提出，包括三个指标，分别是金融业市场化、金融业竞争程度和信贷资金分配的市场化。

2. 金融发展与研发投入的实证研究回顾

国内外学者对金融发展的相关实证研究较多，但大多集中在其促进经济增长的作用机制检验，考察金融发展对研发投入促进作用的文献相对较少。融资约束是研发投入决策的重要影响因素，诸多实证研究表明，金融发展有助于缓解企业所面临的融资约束，从而为金融发展促进研发投入提供了间接的证据。从宏观和中观视角，拉詹和津加莱斯（1998）利用 1980~1990 年 42 个国家制造业产业面板数据发现，在金融发展程度更高的国家中，依赖外部融资的行业成长更快，金融发展能降低其外部融资成本，从而研发活动可获得更多外部资金支持。德米尔古克和莱文（Demirguc - Kunt & Levine，2008）利用跨国数据证明，金融体系更发达的国家经济增长更快，原因是金融发展缓解企业外部融资约束并为其进入资本市场融资提供便利，促进企业和产业扩张。

从微观视角，洛夫（2003）利用 1988~1998 年 36 个国家的企业数据研究了金融发展促进经济增长的微观机制，他指出，发达的金融体系可缓解企业面临的融资约束（尤其是中小企业），提高金融资源配置效率，促进企业成长并带动经济发展。库拉纳等（Khurana et al.，2006）利用 1994~2001 年 35 个国家的微观企业数据发现，金融发展可降低投资对现金流的敏感程度，在金融发展程度较低的国家，企业倾向于持有更多现金以平滑投资。在微观视角的研究中，很多学者将法律因素考虑在内（La Porta et al.，1997；1998），研究金融发展决定因素及其对融资约束的影响。戴莫古克康特和马卡斯莫维奇（Demirguc - Kunt & Maksimovic）的一系列研究对拉波特（La Porta）等开创性的研究进行深化。戴莫古克康特和马卡斯莫维奇（1998）估计了 30 个国家长期融资受限时企业最大的可能增长率，与每个国家样本企业在不同法律制度下的实际增长率作对比，发现在健全的法律制度下，活跃的股票市场有助于企业通过债务或股权进行融资，促进企业成长；戴莫古克康特和马卡斯莫维奇（1999）将企业外部融资的借款期限考虑在内，发现在法律体系较完善的国家，长期借款在大企业资产中的比重更高且借款期限更长。戴莫古克康特和马卡斯莫维奇（2002）基于之前研究，进一步考察不同金融体系（银行主导或市场主导的金融体系）对企业获得外部融资的影响，他们认为，证券市场发展对长期融资影响较大，而银行发展对短期融资的影响较大。

在对金融发展与研发投入之间关系的检验中，布朗等（2009）使用美国 1990~2004 年 7 个高科技产业的上市公司数据证明，现金流和股权融资对企业研发活动有显著影响，这可以部分解释 20 世纪 90 年代出现的研发潮。布朗等（2012）利用 32 个国家的面板数据发现，对股东的有效保护与金融发展带来股票市场融资可获得性提高在长期中可促进企业研发投入，尤其是对中小企业而言促进作用更加明显，信贷市场发展较好地促进了固定资产投资而对研发投入作用比较有限。阿亚加里等（Ayyagari et al.，2011）关注发展中国家企业融资约束问题，他们利用 34 个国家的企业数据发现，无论对于国有企业还是私营企业，外部融资尤其是权益融资和企业创新息息相关，而在间接融资途径中，外资银行融资更有利于提高企业创新速度。詹姆斯（James，2010）利用韩国 1967~2005 年的数据研究发现，金融自由化通过促进技术创新来提高经济增长率，因此，金融体制改革有助于增加创新投入。舒等（Hsu et al.，2014）利用 1976~2006 年 34 个发达国家和新兴市场经济国家的数据研究发现，金融市场尤其是股票市场发展可促进企业研发投入，而在新兴市场经济国家和对股东提供有效法律保护的国家中，金融发展对研发投入的促进作用更强。

我国金融发展研究起步较晚，20 世纪 90 年代开始，国内学者才开始关注金融发展问题，近年来，企业统计资料的完善为国内学者的研究提供了数据基础，国内学者利用上市公司数据或中国工业企业数据库研究了金融发展对企业融资约束与研发投入的影响。沈红波（2010）对 2001~2006 年上市公司的研究发现，我国上市公司普遍存在融资约束，体现在其投资与现金流有很高的敏感度。金融发展程度比较低的地区，上市公司面临的融资约束程度更高。金融发展通过缓解企业融资约束，降低企业投资对内部现金流的依赖，促进其规模扩张，加速依赖外部融资的企业成长（李斌和江伟，2006）。一方面，金融中介发展在缓解企业融资约束的作用远远大于股票市场（饶华春，2009）；另一方面，金融发展对不同所有制企业融资约束的缓解作用是不同的，随着金融发展，民营上市公司融资约束相比国有上市公司会得到更加显著的缓解，这是两个原因导致的，其一，国有上市公司享受国家财政和信贷的大力支持，金融发展对其影响较小；其二，软预算约束扭曲了国有上市公司面临的真实融资约束程度，导致其对内部现金流依赖程度明显低于民营上市公司，削弱了金融发展缓解其融资约束时的积极作用（朱红军等，2006）。

外部资金获取是企业研发投入的关键要素，企业面临融资约束时，研发活动只能依靠内部现金流，企业持有现金可保障研发活动持续进行，平滑研发投入，该现象在融资约束程度更高的企业中更为突出。金融发展程度提高可缓解企业面临的融资约束，因而弱化企业持有现金对研发投入的平滑效果（杨兴全和曾义，2014）。谢维敏和方红星（2011）对我国2002～2006年上市公司数据的研究发现，银行业市场化的推进、地区金融发展拓展了企业外部融资渠道，增加资金来源，促进企业研发投入，这个促进作用对小规模企业和私有企业更强；同时，政府干预金融资源配置弱化了金融发展对企业研发投入的促进作用。

2.4　本章小结

本章分为三部分对研究主题相关的已有理论和实证研究进行梳理和评述。

首先，国内外学者对研发投入影响因素进行了较为全面的研究，研究内容涉及企业规模、公司管理层、股权结构和资本结构等内部影响因素，以及行业因素、融资约束、政府干预等外部影响因素。

其次，在研发投入周期特征的研究中，一部分学者基于机会成本假说与成本收益分析得出研发投入逆周期变动的结论，而另一部分学者基于经验研究认为研发投入顺周期变动，随后，学者们引入诸多现实因素对理论模型进行修正以解释经验研究结论与机会成本假说的冲突。诸多因素中，研发活动外部性、经济波动黏持性、外部冲击是经济中固有因素，一定程度上并不可控，且对研发投入顺周期成因的解释力相对较弱，融资约束是经济主体研发投入决策的重要影响因素，经济主体所面临融资约束程度又与一国金融发展水平密切相关，其可通过宏观政策调节成为可控因素，因此，从金融发展视角研究研发投入的周期性特征具备更强的现实意义，更有利于提出可行可操作的政策建议。

目前，已有研发投入周期特征的相关实证分析大多以发达国家总量或行业数据为样本，对现实问题的考察有一定局限性：第一，既忽略了对研发强度周期特征的考察，也没有考虑各国研发投入周期特征可能存在的差异，同时，国内学者在这个方面的研究较少，更是缺少对转型期中国现实情况的考察；第二，未考察研发强度对经济周期的反应是否存在阶段性差异，这不仅导致现有实证研究无法考察研发投入周期行为在长期中对研发强度及长期经济增长动力的影响，并且使得科技金融政策未考虑经济周期的阶段性差异，弱化政策调控效果；第三，已有实证研究致力于解释研发投入的周期特征及成因，未基于此提出研发强度的稳提升策略；第四，大部分实证研究均使用经济增长率或者工业产出增长率度量经济周期，在各国宏观经济呈增长型周期特征的现实情况下，这种方法并不能准确描述经济所处周期阶段和相对波动幅度。本书实证研究希望弥补这些不足。

最后，金融发展理论创立至今已有近 50 年历史。早期金融发展理论关注金融对经济增长的重要性，但并未厘清金融发展促进经济增长的作用机制，直至 20 世纪 90 年代金融功能论形成后，经济学家逐渐开始关注金融发展对创新活动的影响。目前，国内外学者仍在不断挖掘、验证金融发展促进研发投入的作用机制，而本书将基于研发投入周期行为从金融发展视角揭示研发投入的稳提升策略。

第 3 章

金融发展视角下研发投入
周期特征的理论分析

最早对研发投入周期特征的考察可以追溯到熊彼特（1939；1942）的研究，他提出机会成本假说并认为，创新活动集中在经济紧缩期。之后，创新活动的周期特征引起了国外学者极大关注，学者们基于机会成本假说从多角度论证了创新活动的周期特征（Walde，2002；Francois & Lloyd - Ellis，2003；Barlevy & Tsiddon，2006）。其中，松山（1999；2001）结合创新与资本积累建立两阶段模型，论证了创新活动在不同经济发展阶段中的非连续变化；沃尔德（2002）继承了熊彼特机会成本假说的思想，强调资本积累和研发活动边际产出的相对变化导致资源在两种活动之间流动；弗朗索瓦和劳埃德－埃利斯（2003）在新技术应用周期中将研发活动内生化，考察研发和新技术应用在经济周期中的变动。然而，这些研究所得出的结论（研发投入逆周期变化）并未得到经验研究的支持，鉴于此，原岛（2005）、科明和格特勒（2006）加入对外生冲击来源的考虑，巴利维（2007）强调研发活动动态外部性对经济主体研发投入决策的影响，弗朗索瓦和劳埃德－埃利斯（2009）引入逆周期的商业化行为，科川（2013）考虑人口增长与负外部性对研发效率的冲击，对早期理论研究进行补充与修正。

以上研究均基于完善金融市场的前提假设，即企业内部、外部资金完全替代，研发投入决策独立于金融因素。然而现实经济中，金融市场并不完善，信息成本、交易成本、委托代理问题的存在使外部融资成本明显高于内部融资，经济主体研发投入决策受制于融资约束。鉴于此，本章借鉴阿吉翁等（2010；2012）和欧阳敏（2011b）的分析框架，建立一个非连续时间的两期世代交替模型，分别在完善的金融市场与不完善的金融市场情形中考察研发投入与经济周期的关联，从融资约束视角揭示研发投入周期行为的形成机理；基于此，探讨研发强度周期性变动的特征、长期经济效应及其跟随金融发展变动的规律，进而从理论视角揭示研发投入的周期行为成因、特征及其稳提升机理。

3.1　融资约束与研发投入的周期特征

3.1.1　模型假设

1. 经济主体

经济主体基于成本收益分析做出研发投入决策，研发投入周期性变动主要源于经济主体的跨期替代行为，以及融资约束对该跨期替代行为的影响。本书将利用两期世代交替模型来描述融资约束与跨期替代行为如何形成研发投入周期。假设经济中存在 n 个相同的经济主体 i（i = 1，2，…，n），每个经济主体只存活两期（t 期和 t + 1 期），并在每期被赋予一单位的有效劳动 H_t 与资本结合生产商品以供消费。为简化分析，根据阿吉翁（2010）的研究，假设经济主体存活期间，生产决策独立于有效劳动存量，其效用函数为：

$$U_t = C_{t,t} + \beta C_{t,t+1} \qquad (3-1)$$

其中，$C_{t,t}$ 与 $C_{t,t+1}$ 分别为经济主体在 t 期和 t + 1 期的消费，β 是主观贴现率。经济主体在第一期期初出生，得到 1 个单位外生给定的财富 W_t，他可以将该财富按照外生给定的价格水平 P_t 出售，所得收入用于购买短期生产资本 K_t 与长期生产资本 Z_t，分别投入短期生产活动与研发活动，投资周期如图 3 – 1 所示。根据戴小勇（2012）的研究，短期生产活动指在现有的技术水平下，将资金投入到产品生产与加工制造环节，比如招聘更多工人、增加设备厂房等固定资产投资以扩大生产规模；研发活动是指企业将资金投入新产品研发、技术改进等环节以提高现有技术水平。相比短期生产活动，研发活动信息不对称程度更高，投资失败的风险更大，且回报周期更长。

图 3 – 1　经济主体投资周期

2. 生产活动与流动性冲击

短期生产活动回报周期较短，投资在第一期期末即可获得回报，其产出取决于短期生产资本、劳动投入与当期外生冲击：

$$Y_{t,t} = A_t F(K_t, H_t) \tag{3-2}$$

其中，A_t 为 t 期发生的外生冲击，K_t 和 H_t 分别表示 t 期投入的短期生产资本及有效劳动。$F(K, H) = K^\alpha H^{1-\alpha}$，是新古典生产函数，其中，$\alpha \in (0, 1)$，满足 $F' > 0$、$F'' < 0$、$\underset{k \to 0}{Lim} F(K) = \infty$、$\underset{k \to 0}{Lim} F(K) = 0$ 等条件。

研发活动投资在第二期期末获得回报，其回报率相对更高但周期较长，降低了资产流动性。假设经济主体在第一期期初投入研发活动后，经济中出现流动性冲击 L_t 使其面临流动性风险（L_t 表示经济主体为确保研发活动的顺利进行，需要追加的投资或者维持日常经营所需的流动资金），资金供应不足将导致研发活动中断甚至失败（谢维敏和方红星，2011），因此，经济主体必须对外融资以应对流动性冲击。若未成功获得融资将导致研发活动失败，经济主体在 t+1 期获得的产出为零；若成功获得融资，研发活动得以顺利完成并在 t+1 期获得的产出为：

$$Y_{t,t+1} = A_{t+1} F(Z_t, H_t) \qquad (3-3)$$

其中，A_{t+1} 表示 t+1 期的外生冲击、Z_t 与 H_t 分别为研发投入（长期生产资本投入）与有效劳动投入。假设经济主体成功应对流动性冲击，即对外融资以支付 L_t 的成本，他将在 t+1 期获得数额为 $\beta^{-1}L_t$ 的额外收益，这可确保流动性冲击只影响研发活动的总成本与总收益，而不影响其预期回报的净现值。在完善的金融市场中，不存在融资约束，流动性冲击不会改变期初财富在短期生产活动与研发活动之间的分配；而在不完善的金融市场中，经济主体因流动性冲击而面临逆周期变化的流动性风险，这对研发投入决策有重要影响。

3. 融资约束与经济主体预算约束

在不完善的金融市场中，面临流动性冲击时，经济主体可以在金融市场中以其第一期期末收入 X_t 作为抵押获得数额为 $(1+m)X_t$ 的贷款，$m \geq 0$，可获得贷款数额取决于第一期期末收入与 m，即其并非总能获得所需资金。经济主体第一期预算约束可以表示为：

$$C_{t,t} + P_t(K_t + Z_t) + L_t e_{t,t} = W_t + B_t + Y_{t,t} \qquad (3-4)$$

$C_{t,t}$、B_t 与 $Y_{t,t}$ 分别为经济主体在第一期的消费、所得贷款以及来自于短期生产性活动的产出，其中，$B_t \leq mY_{t,t}$，$P_t(K_t + Z_t)$ 是其购买短期生产资本与长期生产资本的支出，P_t 是资本品价格水平，L_t 表示流动性冲击，如果经济主体成功应对流动性冲击，则 $e_{t,t}$ 取值为 1，否则取值为 0。

经济主体第二期的预算约束为：

$$C_{t,t+1} = (Y_{t,t+1} + \beta^{-1}L_t)e_{t,t} - (1+R_t)B_t \qquad (3-5)$$

其中，$C_{t,t+1}$ 与 $Y_{t,t+1}$ 分别表示经济主体在第二期的消费以及来自于研发活动的产出，R_t 是 t 期利率，$(1+R_t)B_t$ 是其在第二期需要偿还的借款额。经济主体只存活两期，因此，在第二期不能进行借贷。假设流

动性冲击与 H_t 同比例增长以确保流动性冲击不会随着经济增长而消失，即 $l_t = \dfrac{L_t}{H_t}$，且 $l_t \in [0, l_{max}]$，其分布函数为 $\Phi(l) = \left(\dfrac{l}{l_{max}}\right)^{\varphi}$，当 $l > l_{max}$ 时，$\Phi(l) = 1$，其中，l_{max} 为流动性冲击的最大取值。

4. 有效劳动与外生冲击

根据阿吉翁等（2010）的研究，假设有效劳动的增长路径为 $H_{t+1} = \Omega(H_t, \overline{Z}_t, K_t)$，其中，$\overline{Z}_t$ 是遭受流动性冲击后研发活动仍得以顺利完成时研发投入的实际值，Ω 是 H_t、Z_t、K_t 与 $\dfrac{Z_t}{K_t}$ 的增函数。

外生冲击 A 是经济周期波动的来源。根据阿吉翁等（2005）和欧阳敏（2011b）的研究，假设外生冲击服从马尔可夫过程，非条件均值为 1，经济主体在 t 期对 t + 1 期外生冲击的预期为：$E_{t-1}A_t = A_{t-1}^{\rho}$，其中，$\rho \in (0, 1)$，它的取值使外生冲击有均值回归的特征，即实际冲击高于或低于其均值时都会以很高的概率向均值回归的趋势。这反映出经济周期的一个重要特征，即偶发的负向或正向冲击使产出水平出现短暂下降或者上升并偏离长期趋势水平，由于冲击作用时间较短，对产出的影响并不持久，冲击结束后，产出水平会快速向均衡水平回归（Friedman，1964；刘金全和王雄威，2011）。模型中，外生冲击将影响经济主体第一期期末的产出水平，进而导致其融资能力发生变化。在现实经济中，经济周期通过冲击经济主体经营状况与现金流，改变其融资能力，进而影响其投资行为，本书所构建模型遵循该规律。

3.1.2　完善的金融市场

在完善的金融市场中，内部融资成本与外部融资相同，不存在融资约束，经济主体总能获得所需资金，即 $e_{t,t} = 1$，其投资决策和融资决策相对独立。由于效用函数是线性的，均衡状态时市场利率为 $R_t = \beta^{-1}$，经济主体成功应对流动性冲击的净现值为：

$$Y_{t,t+1} + \beta^{-1}L_t - R_tL_t = Y_{t,t+1}$$

不难看出，成功应对流动性冲击的现值严格大于零，因此，对外融资以保证研发活动顺利进行总是最优决策。结合经济主体的预算约束与 $R_t = \beta^{-1}$，经济主体终生效用函数可以重新表示为：

$$
\begin{aligned}
U_t &= C_{t,t} + \beta C_{t,t+1} \\
&= P_t(W_t - K_t - Z_t) + Y_{t,t} - L_t + \beta(Y_{t,t+1} + \beta^{-1}L_t) \\
&= P_t(W_t - K_t - Z_t) + A_tF(K_t, H_t) + \beta A_{t+1}F(Z_t, H_t)
\end{aligned}
$$

这时，经济主体决定 K_t、Z_t 的投入量以最大化其终生效用水平，即：

$$\max_{K_t,Z_t}E_t(U_t) = \max_{K_t,Z_t}E_t[A_tF(K_t, H_t) + \beta A_{t+1}F(Z_t, H_t) - P_t(K_t + Z_t)]$$

$$(3-6)$$

令 $k_t = \dfrac{K_t}{H_t}$、$z_t = \dfrac{Z_t}{H_t}$，经济主体的最优化问题可以改写为：

$$\max_{k_t,z_t}E_t(u_t) = \max_{k_t,z_t}E_t[A_tf(k_t) + \beta A_{t+1}f(z_t) - P_t(k_t + z_t)] \quad (3-7)$$

其中，$f(k_t)$ 与 $f(z_t)$ 分别为单位有效劳动衡量的短期生产活动产出与研发活动产出，式（3-7）的一阶条件是：

$$\frac{\partial E_t(u)}{\partial k_t} = E_t[A_tf'(k_t)] - P_t \qquad (3-8)$$

$$\frac{\partial E_t(u)}{\partial z_t} = \beta E_t[A_{t+1}f'(z_t)] - P_t \qquad (3-9)$$

资本品价格水平 P_t 严格外生，独立于生产决策之外，但在均衡时，价格水平会自动调整使得经济主体对两种资本品的超额总需求为 0，因此，预算约束变为 $K_t + Z_t = W_t$，两边同除以有效劳动 H_t 得到：$k_t + z_t = w_t$。结合式（3-8）与式（3-9）可知：

$$E_t[A_tf'(k_t)] = \beta E_t[A_{t+1}f'(z_t)] \qquad (3-10)$$

整理，并利用 $E_tA_{t+1} = A_t^\rho$ 可得：

$$\frac{f'(z_t)}{f'(k_t)} = \frac{E_tA_t}{\beta E_tA_{t+1}} = \frac{A_t^{1-\rho}}{\beta} \qquad (3-11)$$

将 $f(k_t) = k_t^\alpha$ 与 $f(z_t) = z_t^\alpha$ 代入式（3-11）得到 z_t 与 k_t 的最优解：

$$z_t = w_t \frac{1}{1 + \beta^{\frac{1}{\alpha-1}} A_t^{\frac{(1-\rho)}{(1-\alpha)}}} \qquad k_t = w_t \frac{\beta^{\frac{1}{\alpha-1}} A_t^{\frac{(1-\rho)}{(1-\alpha)}}}{1 + \beta^{\frac{1}{\alpha-1}} A_t^{\frac{(1-\rho)}{(1-\alpha)}}}$$

不难看出，$\frac{(1-\rho)}{(1-\alpha)} > 0$，因此，在其他条件不变的前提下，研发投入 z_t 与外生冲击 A_t 反方向变动，发生正向冲击时，研发投入降低，即研发投入逆周期变动；而生产性投资与外生冲击 A_t 同方向变动，即其顺周期变化。

命题 1：在完善的金融市场中，研发投入逆周期变动。

研发投入逆周期变动，这是经济主体权衡研发投入预期回报与机会成本的结果。完善的金融市场是理想状态，在这个假设下得出的命题无法使用现实数据进行验证。现实经济中，金融市场并不完善，负向冲击弱化了经济主体的融资能力，经济主体做出研发投入决策时需要考虑融资约束。接下来本书将讨论不完善金融市场中的研发投入周期特征。

3.1.3　不完善的金融市场

现实经济中，企业外部融资成本明显高于内部融资，投资受制于融资约束。研发活动有其特殊性，相比短期生产性活动，其面临更大的不确定性（沈能，2008），表现为严重的信息不对称问题、收益率风险与流动性风险，这使得融资约束成为研发投入的重要影响因素。

首先，研发活动的资金提供者与技术开发者往往相分离，双方信息不对称程度较高。金融发展水平较低时，外部投资者无法有效获取项目信息并对其进行评估，这在提高外部融资成本的同时，容易导致逆向选择与道德风险，进一步增加研发活动的不确定性。一方面，技术开发者相对于项目投资者掌握更多信息，技术基础弱、管理不善的企业有足够激励伪装为优秀企业来获取投资者资金，并采取机会主义行为，在研发项目失败时拒绝还贷，相反，优秀企业可能会因为成本过高而不愿接受投资者的融资条件。另一方面，技术开发者获得投资者资金后，可能与投资者的目标相偏离，如为获得高额利润将资金投入更高风险项目，一旦项目失败，将加大投资者损失。逆向选择与道德风险均增加了研发活动的不确定性，提高其外部融资成本。其次，研发活动存在收益率风险，其主要来源于技术不确定性和市场不确定性（潘颖雯和万迪昉，2010），这是由研发项目本身固有的特点决定的。研发项目因其难度、复杂性以及外部市场环境等因素的不确定性使得投资者在事前无法对未来收益做出准确判断，从而收益率存在较大不确定性。最后，研发项目投资有很强的资产专用性而面临流动性风险。

在不完善的金融市场中，研发活动面临较高融资约束，这意味着流动性冲击使得研发活动失败的概率严格为正。面对流动性冲击，经济主体使用自有资金或者对外融资予以应对是最优决策，而只有满足 $L_t \leqslant \prod_{t+1}$，即流动性冲击小于可获得的流动性时，经济主体才能成功应对流动性冲击。其中，$\prod_t = (1+m)Y_{t,t} + R_t P_t(W_t - K_t - Z_t)$，衡量经济主体可以得到的流动性，等于短期生产活动的产出及其作为抵押可获得的贷款、加上期初财富剩余部分（储蓄）之和。经济主体终生效用函数可以表示为：

$$U_t = C_{t,t} + \beta C_{t,t+1}$$
$$= P_t(W_t - K_t - Z_t) + Y_{t,t} - L_t e_{t,t} + \beta(Y_{t,t+1} + \beta^{-1}L_t)e_{t,t}$$
$$= P_t(W_t - K_t - Z_t) + A_t F(K_t, H_t) + \beta A_{t+1} F(Z_t, H_t)e_{t,t} \quad (3-12)$$

与完善金融市场中经济主体终生效用函数相比，式（3-12）增加了一项 $e_{t,t}$，衡量经济主体成功应对流动性冲击的概率，当 $L_t \leqslant \prod_{t+1}$ 时，$e_{t,t} = 1$，否则，$e_{t,t} = 0$，令 $k_t = \dfrac{K_t}{H_t}$、$z_t = \dfrac{Z_t}{H_t}$、$\pi_t = \dfrac{\prod_t}{H_t}$，经济主体决定生产性投资与研发投入额以最大化终生效用水平，该最优化问题可以表示为：

$$\max_{k_t, z_t} E_t(u_t) = \max_{k_t, z_t} E_t[A_t f(k_t) + \beta A_{t+1} f(z_t)\lambda_t - P_t(k_t + z_t)]$$

$$(3-13)$$

其中，$\lambda_t = \Phi(\pi_t)$，表示经济主体有足够资金以成功应对流动性冲击的概率，相应地，$1 - \lambda_t$ 是因流动性冲击而导致研发活动失败的概率。式（3 - 13）的一阶条件是：

$$\frac{\partial E_t(u_t)}{\partial k_t} = E_t\left[A_t f'(k_t) + \beta A_{t+1} f(z_t) \frac{\partial \lambda_t}{\partial k_t} \right] - P_t \qquad (3 - 14)$$

$$\frac{\partial E_t(u_t)}{\partial z_t} = \beta E_t\left[A_{t+1} f'(z_t) \lambda_t + A_{t+1} f(z_t) \frac{\partial \lambda_t}{\partial z_t} \right] - P_t \qquad (3 - 15)$$

结合式（3 - 14）与式（3 - 15）可知：

$$E_t\left[A_t f'(k_t) \right] = \beta E_t\left[A_{t+1} f'(z_t) \lambda_t + A_{t+1} f(z_t) \left(\frac{\partial \lambda_t}{\partial z_t} - \frac{\partial \lambda_t}{\partial k_t} \right) \right]$$

$$(3 - 16)$$

整理得：

$$E_t\left[A_t f'(k_t) \right] = \beta E_t\left[(1 - \tau_t) A_{t+1} f'(z_t) \right] \qquad (3 - 17)$$

其中，$\tau_t = (1 - \lambda_t) + \left(\frac{\partial \lambda_t}{\partial k_t} - \frac{\partial \lambda_t}{\partial z_t} \right) \frac{f(z_t)}{f'(z_t)}$ $\qquad (3 - 18)$

如前文所述，$\lambda_t = \Phi(\pi_t) = \left(\frac{\pi_t}{l_{max}} \right)^\varphi$，且 $\pi_t = (1 + m) A_t f(k_t) + R_t P_t (w_t - k_t - z_t)$，因此：

$$\frac{\partial \lambda_t}{\partial k_t} - \frac{\partial \lambda_t}{\partial z_t} = \frac{\left[\Phi'(\pi_t)(1 + m) A_t f'(k_t) - P_t R_t \right]}{l_{max}} - \frac{\Phi'(\pi_t)(- P_t R_t)}{l_{max}}$$

$$= \frac{\left[\Phi'(\pi_t)(1 + m) A_t f'(k_t) \right]}{l_{max}} > 0 \qquad (3 - 19)$$

可以看出，$1 > \tau_t > 0$。式（3 - 17）与不存在融资约束时的一阶条件式（3 - 10）相比，右边增加一项 $(1 - \tau_t)$。实际上，τ_t 反映了信贷摩擦对短期生产性投入与研发投入产生的影响，其由两部分构成，其中，$(1 - \lambda_t)$ 是经济主体面临融资约束时流动性冲击导致研发项目失败的概率；$\left(\frac{\partial \lambda_t}{\partial k_t} - \frac{\partial \lambda_t}{\partial z_t} \right) \frac{f(z_t)}{f'(z_t)}$ 反映了资源在短期生产活动和研发活动之间重新分配导致研发活动失败概率的变化。根据式（3 - 19）可知，资源从研发活动向短期生产活动的流动，可提高第一期末的产出水平，使经济主体流动性更加充裕，应对流动性冲击的能力更强，从而降低研发活动失败的概率。当 $\pi_t \geq l_{max}$ 时，经济主体有足够的资金应对流动性冲击，$\tau_t = 0$；相反，$\pi_t < l_{max}$ 时，$1 \geq \tau_t > 0$。

不难发现，在不完善的金融市场中，τ_t 的存在降低了研发投入预期边际产出，在其他条件不变的情况下，均衡时的研发投入水平将低于完善金融市场中的情形。如前文所述，价格水平是外生变量，但均衡时，价格会自动调整到使经济主体对两种资本品的超额总需求为零的水平，因此，$\pi_t = (1 + m) A_t f(k_t)$，将其代入式（3 – 19）可得：

$$\frac{\partial \lambda_t}{\partial k_t} - \frac{\partial \lambda_t}{\partial z_t} = \varphi \lambda_t \frac{f'(k_t)}{f(k_t)} \qquad (3-20)$$

结合式（3 – 18）与式（3 – 20），将式（3 – 17）改写为：

$$E_t\left\{ A_t f'(k_t) \left[1 + \beta \varphi \lambda_t \frac{A_{t+1} f(z_t)}{A_t f(k_t)} \right] \right\} = \beta E_t \left[\lambda_t A_{t+1} f'(z_t) \right] \qquad (3-21)$$

结合式（3 – 17）与式（3 – 21）可知：

$$\tau_t = 1 - \frac{1}{\dfrac{1}{\lambda_t} + \beta \varphi \dfrac{E_t A_{t+1} f(z_t)}{A_t f(k_t)}} \qquad (3-22)$$

现在来考察融资约束对 τ_t 的影响。融资约束一方面可以分为内部融资约束与外部融资约束，前者表现为内部资金可获得性，后者表现为外部资金可获得性（Guariglia，2008）；另一方面可以分为资金价格约束与资金数量约束（Almeida & Campello，2001）。由于信息不对称问题的存在，外部投资者向经济主体提供资金时，需要为搜寻信息支付额外成本，促使其向经济主体要求比实际风险更高的溢价以弥补信息搜寻成本，这提高了外部资金价格，产生资金价格约束。基于信贷配给理论，银行根据利润最大化目标决定资金价格与发放数量，限制了经济主体获得外部融资的概率以及资金数量（Jafee & Russell，1976；Stiglitz & Weiss，1981）。据此，在本书模型中，融资约束的增大不仅表现为 φ 取值的增大，即获得外部融资概率降低，并且表现为 m 的减小，即可获得资金量减少。

将 $\lambda_t = \Phi(\pi_t) = \left(\dfrac{(1+m) A_t f(k_t)}{l_{max}}\right)^\varphi$ 代入式（3-22），对 τ_t 向 m 求偏导可得：

$$\frac{\partial \tau_t}{\partial m} = \left\{ \frac{-\dfrac{1}{\lambda_t^2}}{\left[\dfrac{1}{\lambda_t} + \beta\varphi \dfrac{E_t A_{t+1} f(z_t)}{A_t f(k_t)}\right]^2} \right\} \frac{\partial \lambda_t}{\partial m}$$

$$= -\varphi A_t f(k_t) \frac{\left\{ \dfrac{[(1+m) A_t T_t f(k_t)]}{l_{max}} \right\}^{\varphi-1}}{\lambda_t^2 \left[\dfrac{1}{\lambda_t} + \beta\varphi \dfrac{E_t A_{t+1} f(z_t)}{A_t f(k_t)}\right]^2} < 0$$

可以看出，τ_t 是 m 的减函数，结合式（3-17）可知，融资约束增大，即 m 减小时，信贷摩擦 τ_t 增大，进一步减少研发投入预期边际产出，使得研发投入下降。

命题2：在不完善的金融市场中，融资约束的存在使研发投入水平低于完善金融市场中的均衡水平；同时，融资约束程度越高，研发投入水平越低。

接下来继续来讨论 τ_t 在经济周期中的变动。根据式（3-22）可以看出，τ_t 是 λ_t 的减函数、是 $\dfrac{E_t A_{t+1} f(z_t)}{A_t f(k_t)}$ 的增函数。经济扩张期，λ_t 即获得融资以成功应对流动性冲击的概率增大，因为此时短期生产活动回报更高，经济主体可获得流动性增加，同时，$\dfrac{E_t A_{t+1} f(z_t)}{A_t f(k_t)}$ 取值也将更小；经济紧缩期相反。因此，τ_t 在经济扩张期减小，在经济紧缩期增大，其逆周期变动。式（3-17）可改写为：

$$\frac{f'(z_t)}{f'(k_t)} = \frac{A_t}{\beta E_t A_{t+1} (1 - \tau_t)} \tag{3-23}$$

在其他条件不变的情况下，z_t 与 τ_t 反方向变动，因此，逆周期变化的信贷摩擦将使得经济主体在经济扩张期增加研发投入，并在经济紧缩期减少研发投入，但此时机会成本效应对研发投入的影响仍然存在，并对其产生反方向的影响。要深入考察研发投入的周期特征，还需进一步分析。将 $\lambda_t = \left[\dfrac{(1+m)A_t f(k_t)}{l_{max}}\right]^{\varphi}$ 与式（3-22）代入式（3-23）可知：

$$\frac{f'(z_t)}{f'(k_t)} = \frac{A_t\left\{1 + \beta\varphi\,\dfrac{f(z_t)E_t A_{t+1}}{f(k_t)A_t}\left[\dfrac{(1+m)A_t f(k_t)}{l_{max}}\right]^{\varphi}\right\}}{\beta E_t A_{t+1}\left[\dfrac{(1+m)A_t f(k_t)}{l_{max}}\right]^{\varphi}}$$

整理得：

$$\frac{f'(z_t)}{f'(k_t)} = \frac{A_t^{1-\rho-\varphi} + \beta\varphi\,\dfrac{f(z_t)}{f(k_t)}\left[\dfrac{(1+m)f(k_t)}{l_{max}}\right]^{\varphi}}{\beta\left[\dfrac{(1+m)f(k_t)}{l_{max}}\right]^{\varphi}} \qquad (3-24)$$

不难看出，当 $\varphi > (1-\rho)$ 时[①]，z_t 与 A_t 同方向变动，且 φ 的取值越大，研发投入 z_t 对 A_t 的反应力度越大。换句话说，当融资约束程度较高，对研发投入的影响足以抵消机会成本效应时，研发投入顺周期变动，且融资约束程度越高，研发投入顺周期变化的特征越明显。

命题3：在不完善的金融市场中，当融资约束对研发投入的影响足以抵消机会成本效应时，研发投入顺周期变动。

命题4：融资约束程度越高，研发投入顺周期变动的特征越明显。

3.1.4　模型理论解释及进一步讨论——研发强度周期特征

研发投入是研发活动内部支出的数额，其在经济总量中所占比例即研发强度，这是反映一国自主创新能力与经济增长动力的重要依据。相

---

① ρ 取值的大小反映了经济波动黏持性（persistence of the business cycle）的强度，其取值越大，说明经济波动黏持性越强，则研发投入预期收益和机会成本之间的差距越小，削弱机会成本效应对研发投入的影响。欧阳敏（2011b）专门研究了波动黏持性对研发投入的影响，他指出较高的经济波动黏持性提高了研发活动预期收益，削弱机会成本效应，是导致研发投入顺经济周期变动的原因之一。

比研发投入，研发强度更能表现一国的创新投入水平，因此，进一步分析研发强度与经济周期间关联有更强的现实意义。接下来的内容将分析模型理论意义，并在研发投入周期特征的基础上讨论研发强度与经济周期的关联。

在完善的金融市场中，经济主体仅通过权衡研发活动预期收益与机会成本来决定研发投入，其投资决策行为不受金融因素影响。根据前文的讨论，经济周期具有均值回归特征，研发活动预期回报发生在远期因而受现期经济波动的影响较小，然而，经济紧缩期，研发投入的机会成本（用短期生产活动的边际产出衡量）在负向冲击下发生大幅下降，激励经济主体增加研发投入，导致研发投入对短期生产性投入的跨期替代；同时，负向冲击使得经济总量收缩，研发投入在经济总量中的份额即研发强度上升。相反，经济扩张期，正向冲击提高短期生产性投入的边际产出，增加研发投入机会成本，而正是因为经济周期的均值回归特征，研发投入预期回报并没有出现较大升幅，于是经济主体会减少研发投入，将经济资源投入回报更高的短期生产性活动；同时，正向冲击使经济总量扩张，从而研发强度下降。总体来讲，在完善的金融市场中，研发强度逆周期变动。

在不完善的金融市场中，融资约束的存在使经济主体进行研发投入决策时将金融因素考虑在内。经济紧缩期，更低的机会成本可为研发投入提供激励，但此时，经济主体面临更强融资约束。一方面，受负向冲击影响，经济主体经营利润持续下降，自有资金匮乏，内源融资约束增大；另一方面，负向冲击影响银行准备金、紧缩信贷规模的同时，恶化企业资产负债表，导致其从银行获得的授信额度减少，外部融资约束增大。当融资约束程度较高，对研发投入的限制足以抵消机会成本效应对研发投入的激励时，研发投入将出现下降；相反，经济扩张期，融资约束放松，一方面，正向冲击提高投资回报率，金融机构贷款收益较高，愿意向经济主体提供资金支持，经济主体能以较低成本获得外部融资；另一方面，经济主体经营利润较高，有充裕的自有资金投入研发活动。

虽然在经济扩张期，机会成本的上升对研发投入产生负向影响，但研发活动在此时更容易获得融资，因此，研发投入提高。

研发投入顺周期变动时，由此导致的研发强度周期特征却是不确定的。从各周期阶段来看，经济扩张期，当研发投入提高的幅度大于经济扩张幅度时，研发投入在经济总量中所占份额即研发强度上升，否则，研发强度下降；经济紧缩期，当研发投入下降的幅度大于经济紧缩幅度时，研发强度下降，否则，研发强度上升。可见，当研发投入的变动幅度大于经济周期波动幅度时，研发强度顺周期变动；而当研发投入的变动幅度小于经济周期波动幅度时，研发强度逆周期变动。

研发活动回报周期长、投资连续性较强，且经济主体有平滑研发投入的倾向，其将通过对外融资或消减其他投资支出以降低负向冲击对研发投入产生的不利影响，降低流动性冲击导致持续研发投入中断的概率（Barlevy，2007；Brown & Petersen，2011；杨兴全和曾义，2014）。因此，其他条件不变时，经济紧缩期研发投入的下降幅度将小于经济紧缩幅度，研发强度上升。然而，经济扩张期，由于研发投入上升和经济扩张的相对幅度并不能确定①，研发强度可能上升也可能下降。根据以上分析，本书认为，当研发投入顺周期变动时，研发强度将表现出两种周期特征：其一，逆周期变动，即研发强度对经济扩张有负向反应，而对经济紧缩有正向反应；其二，呈增长型周期特征②，即研发强度对经济周期各阶段均有正向反应。

命题5：研发投入顺周期变动时，研发强度将表现出两种周期特征，即逆周期变动或呈增长型周期特征。

研发活动需要大量资金的持续投入，当融资约束程度较高时，持续投资被流动性冲击打断导致研发项目失败的概率较高（这个概率会随着

---

① 两者相对变化幅度取决于一国金融发展水平、融资约束程度、创新体系特征等多种因素。

② 为了描述便利，若一个变量对不同经济周期阶段做出非对称的正向反应时，借鉴"增长型经济周期"（经济增长率周期性变化）的概念，称其呈增长型周期特征。

融资约束的加强而提高），打击了经济主体投入研发活动的积极性，因此，经济扩张期融资约束的暂时放松并不会导致研发投入出现较大幅度提高，从而研发强度会出现下降；相反，经济紧缩期，研发活动面临更强融资约束，致使研发投入大幅度下降（融资约束程度越高，其下降幅度越大），从而研发强度上升幅度较小。当融资约束程度足够高时，研发强度对经济扩张的负向反应力度将超过对经济紧缩的正向反应力度，因此，在长期中，持续的经济波动对研发强度有负效应，这是经济紧缩期研发投入的降幅不能被经济扩张期研发投入的升幅所弥补而导致的。

命题6：当一国经济主体所面临融资约束的程度足够高时，研发强度逆周期变动，其对经济扩张的负向反应力度将强于对经济紧缩的正向反应力度，导致持续经济波动将对研发强度有负效应。

3.2　金融发展与研发强度的周期特征

前文在两期世代交替模型中讨论了研发投入与研发强度的周期特征，发现融资约束是导致两者周期性变动的重要成因，而金融发展将增强金融体系对研发活动的融资支持作用，缓解经济主体所面临的融资约束，进而对研发强度周期特征产生显著影响。金融发展是"量"与"质"发展的统一，"量"的发展指金融规模扩大，体现在金融机构数量增多、金融资产总量增加，这是金融"质"发展的前提；"质"的发展指金融结构优化、金融功能完善、扩充带来金融效率提高，体现在各种金融资产之间相对规模与比例更协调、金融结构与经济结构适应程度以及金融资源配置效率的提高。金融规模扩张、金融结构优化对实体经济的影响，以及资源配置效率提高均依赖于金融功能的有效发挥（蔡则祥，2005）。接下来，本书将从金融功能观的视角讨论研发强度周期特征随金融发展而变动的规律。

3.2.1　金融发展与融资约束

金融发展可扩大储蓄规模、提高资源配置效率，增加研发投入融资来源，并通过降低信息不对称程度，减少外部融资成本，进而缓解经济主体所面临的融资约束，而这依赖于动员储蓄、配置资源、提供信息与公司监督等金融功能的有效发挥，金融体系的具体功能如下：

1. 通过有效动员储蓄扩大研发活动融资来源

随着金融发展程度提高，金融体系动员社会储蓄时因双边契约问题所引致的交易成本与信息成本不断降低，有利于高效汇集巨额金融资本，扩大金融规模，拓宽研发活动外部融资来源。研发活动需要大量资金的持续投入，如果仅仅依靠企业内部资金，不仅将限制研发投入规模，而且可能会使得研发项目因内部资金供给中断（通常由于经济周期引起的利润波动）而半途而废甚至失败，因此，外部资金可获得性尤为重要。只有充分地动员社会储蓄，提高资本形成规模，才能为研发活动提供足够的资金支持。发达高效的金融体系可通过更好地动员社会储蓄，快速汇集巨额资金，扩大研发活动外部资金来源（Demirguc-kunt & Maksimovic，1998）。

2. 通过提高金融资源配置效率增加研发投入资金来源

金融资源配置效率的提高，一方面体现在投入产出效率即金融体系本身运行效率提升带来成本和费用降低，进而促进资产收益率提高；另一方面体现在储蓄投资转化效率的提高，即金融中介与金融市场以最小的成本动员尽可能多的储蓄，汇集社会闲置资金并转化为高效部门的投资（陈尊厚，2008）。金融资源配置效率提高依赖于金融系统信息不对称程度与交易成本的降低，以及金融中介自身效率的提高。

研发活动具有高收益、高风险的特征。随着金融发展，信息成本与交易成本的降低以及金融中介自身效率的提高将改善金融资源配置效率，有利于提高储蓄率并促进储蓄向投资的有效转化①，使金融系统为企业提供更多信贷资金与融资来源，并通过对优秀企业与投资项目进行评估、甄别，以及识别最有机会在新产品、新工艺开发上取得成功的企业家（王永剑，2011），引导金融资源流入收益更高、技术水平更高的投资项目（Ranjan & Zingales，1998；Greenwood & Jovanovic，1990），如研发项目；同时，发达高效的金融体系具备更完善的风险分散功能与企业监督功能，可促使管理者选择技术较高、专业化程度较强的项目。因此，金融发展带来金融资源配置效率的提高有助于研发活动获得更多外部资金支持。

3. 通过提供信息与公司监督缓解信息不对称性问题

金融发展将降低信息成本和监督成本，使金融系统更好地发挥提供信息与公司监督功能，缓解研发活动的信息不对称问题，进而降低外部融资成本，缓解融资约束。一是，随着金融发展，金融机构信息获取和处理成本降低（沈红波等，2010），同时，发达的金融系统汇集更多优秀专业人才和管理人员，增强金融机构信息获取和处理能力，使其更高效、公平地对企业以及研发项目质量进行评估与甄别，进而以合理的价格向其提供贷款，降低外部融资成本（余明贵和潘红波，2008）。戴莫古克康特和马卡斯莫维奇（1998）指出，发达的金融系统在为企业提供充足的外部资金的同时，帮助投资者获取企业投融资决策的信息，缓解信息不对称问题，从而使企业更容易获得外部资金。二是，金融发展可降低事前与事后获取信息的成本、监督管理层以及实施控制的成本（谢维敏和方红星，2011），促使公司监督加强，确保管理者采取有利于企业价值最大化的行为，与投资者利益保持一致，减少信息不对称性导致逆向选择和道德风险发生的可能，进而使得外部融资成本下降。洛夫（2001）在对40多个国家的数据

---

① 根据内生经济增长理论，信息成本和交易成本的存在将使储蓄向投资转化过程中出现部分漏损，而漏损的比重取决于金融中介自身效率，随着金融发展、金融功能的完善，金融部门效率的提高将降低这个漏损比重，提高储蓄投资转化效率（Pagano，1993）。

研究后发现，金融发展能帮助企业克服逆向选择和道德风险问题，降低信息不对称性，进而缓解其所面临的融资约束。

此外，信息不对称程度降低有助于增强金融中介对企业的了解和信任，使两者之间合作更为顺畅，企业则能以更低利率从金融中介获取融资（杨志群，2013），同时，金融中介和企业建立的长期关系不仅可以进一步降低信息获取成本、缓解信息不对称问题，而且有利于金融中介向企业提供长期、稳定的资金支持。

本书总结了金融发展影响融资约束的作用机制，如图3-2所示。金融发展通过有效地发挥动员储蓄与资源配置、提供信息、公司监督等功能，缓解融资约束并增加投资者投入研发活动的积极性。融资约束的缓解依赖于研发投入资金来源的扩大与信息不对称程度的降低。金融发展降低了信息成本与交易成本，有助于高效动员储蓄，扩大研发活动融资来源，同时，信息成本和监督成本的降低有助于更好地发挥金融系统信息获取和处理功能，降低信息不对称程度，提高金融资源配置效率并降低研发活动外部融资成本，缓解融资约束。

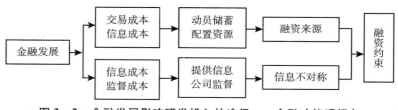

图3-2　金融发展影响研发投入的途径——金融功能观视角

3.2.2　金融发展、经济周期与研发强度

如命题6所述，当一国经济主体所面临的融资约束程度足够高时，研发强度逆周期变动，且其对经济扩张的负向反应力度大于对经济紧缩的正向反应力度，因此，持续经济波动将对研发强度有负效应。这里将讨论研发强度周期特征随金融发展变动的规律，基于此，从金融发展视

角探究上述负效应的有效规避手段，揭示研发强度的稳提升机理。已有研究表明，金融发展可强化金融体系对研发活动的融资支持作用，缓解经济主体所面临的融资约束，这将改变研发强度对经济周期各阶段的反应，因此，金融发展是规避上述负效应的关键。根据金融功能观，金融体系各功能的不断强化与完善，最终表现为金融体系不同维度的发展，即金融效率提高、信贷期限结构改善与金融规模扩张，金融体系各维度发展对研发强度周期特征的影响及机理又不尽相同。

1. 金融效率提高、信贷期限结构改善与研发强度周期特征

如前文所述，随着金融发展程度提高，更低的交易成本、信息成本与监督成本有助于降低信息不对称程度（余明贵和潘红波，2008；钟腾和汪昌云，2017），一方面，金融机构能更公平、高效地评估、甄别企业及研发项目，进而以较合理价格向其提供资金供给（沈红波等，2010），提升金融体系资金配置效率（即金融效率），降低经济主体外部融资成本并增加其信贷可得性；另一方面，这也会弱化金融机构依赖短期贷款解决信息不对称及契约不完全性问题的动机，激励其为经济主体提供更多中长期贷款（Diamond，2004；Agca et al.，2015），改善信贷期限结构，进一步解决研发活动长周期资金缺口难题。金融效率提高与信贷期限结构改善会强化金融体系对研发活动的融资支持，并降低研发活动遭受现金流冲击而中断或失败的概率，进而在经济扩张期抬高研发投入的增幅，并在经济紧缩期减少其降幅。在其他条件不变的情况下，结合研发强度逆周期变动的情形表明，两者将减弱研发强度对经济扩张的负向反应，并增强其对经济紧缩的正向反应，从而使经济波动对研发强度所产生的负效应得以降低。此外，高效率的金融部门可引导更多金融资源进入研发领域，其对研发活动的融资支持作用较强，相对而言，信贷期限结构改善虽然有利于满足研发活动资金缺口难题，但并不必然引导金融资源流入研发领域，其在经济周期各阶段对研发活动的融资支持作用要弱于金融效率提高。基于此，本书提出如下命题：

命题7：研发强度逆周期变动时，金融效率提高与信贷期限结构改善将减弱研发强度对经济扩张的负向反应力度，并增强其对经济紧缩的正向反应力度。

命题8：两者可降低经济波动对研发强度所产生的负效应，有利于研发强度持续稳定提升，其中，前者作用更大。

需要说明的是，虽然较高融资约束使得研发投入顺周期变化，但在现实经济中，金融发展带来融资约束程度的降低，并不必然导致研发投入逆周期变动，原因是：第一，在现实经济中，金融摩擦处处存在，金融发展能降低信息成本、交易成本与监督成本进而降低信息不对称性，但是金融发展不能完全消除信息不对称问题，完善的金融市场不可能存在，因此，经济主体总会发现研发活动在经济扩张期更容易获得融资；第二，在经济紧缩期，研发项目获得成功时经济主体所得利润的现值将大幅降低（Barlevy，2007），削弱了机会成本降低对研发投入的激励作用，相反，研发项目所得利润的现值在经济扩张期更高，从而经济主体总是倾向于在经济扩张期增加研发投入。

2. 金融规模扩张与研发强度周期特征

金融发展将降低金融机构动员储蓄过程中因双边契约问题所引致的交易成本与信息成本，有利于高效汇集巨额金融资本，扩大金融规模，拓宽研发活动在经济周期各阶段的外部融资来源（解维敏和方红星，2011；顾国达和方园，2013）。然而，王昱（2017）认为，金融规模扩张对创新活动的融资支持作用存在边界效应，当金融规模过大时，金融发展将会脱离实体经济，并强调市场及行业精英对经济运行的过度控制，使得金融体系过分追求短期投机盈利与资产泡沫化增值，忽略技术创新带来的长期经济增长，加之在经济扩张期，投机活动预期收益相对于研发活动大幅提高①（Aghion et al.，2012；文武等，2015），金融规

---

① 根据阿吉翁等（2010）及欧阳敏（2011b）的研究，研发活动预期回报发生在远期从而不受现期经济波动的显著影响，相对而言，短期投机活动预期回报周期短，其会因当期经济扩张而将获得大幅提高。

模进一步扩张所产生的金融资源会过量流入该领域，迅速成倍拉高 GDP 并挤占研发投入所需资金，而进入研发活动的资金相对有限。因此，金融规模扩张可能会进一步增强研发强度对经济扩张的负向反应力度，从而使得经济波动对研发强度产生更大的负效应。相反，经济紧缩期，投机资金更加稀缺且研发项目风险加大，金融规模扩张更是无法有效支持研发活动融资，继而也不会显著影响研发强度对经济紧缩的反应力度。据此本书提出命题3，并在后文对上述假说一一验证：

命题9：金融规模过大时，金融规模扩张不会显著影响研发强度对经济紧缩的反应力度，但可增强其对经济扩张的负向反应，从而放大上述负效应。

3.3　本 章 小 结

本章利用两期世代交替模型着重在不完善金融市场的情形下讨论研发投入与经济周期的相关性，进而讨论研发强度的周期特征，然后基于金融功能观论述了金融发展对研发强度周期特征的影响。

研究发现，在完善的金融市场中，即不存在融资约束时，研发投入与研发强度逆周期变动，这是经济主体权衡研发投入预期收益与机会成本的结果。在不完善的金融市场中，经济主体将融资约束纳入研发投入决策。融资约束的存在使研发投入水平低于完善金融市场中的均衡水平，且融资约束程度越高，研发投入水平越低，这个发现可以在一定程度上解释为什么发展中国家的研发投入水平相对于发达国家更低。当融资约束程度较高，足以抵消机会成本效应对研发投入的影响时，研发投入顺周期变动，而由此产生的研发强度周期特征较多样化。研究还发现，当融资约束程度足够高时，研发强度逆周期变动，其对经济扩张期的负向反应力度将大于对经济紧缩期的正向反应力度，导致持续的经济波动对研发强度产生负效应。

　　金融发展将降低交易成本、信息成本与监督成本，有助于更有效地发挥动员储蓄、资源配置、提供信息与公司监督功能，加强金融体系对研发活动的融资支持，改变研发强度的周期特征并有助于规避上述负效应。在接下来的内容中，本书将对本章得出的理论命题一一考察验证。

第4章

研发投入的周期特征

本章将对命题 3 进行考察，并对命题 2 与命题 4 进行经验验证①。理论分析表明，在不完善的金融市场中，融资约束程度足够高时，研发投入顺周期变化，且融资约束越强，研发投入水平越低，其顺周期变化的特征越明显。鉴于此，本章将考察研发投入在经济周期中的变动规律，揭示各国研发投入周期特征，并验证融资约束对研发投入水平及其周期特征的影响。

4.1　对研发投入周期特征的考察

古典型经济周期理论将经济周期划分为繁荣、衰退、萧条和复苏四个阶段，其间，正、负增长交替出现。随着世界工业基础加强、各国风险抵御能力提高，古典型经济周期特征（出现负增长）逐渐消失，增长型经济周期成为理论和实证研究的核心（刘金全和刘志刚，2005）。在增长型经济周期中，宏观经济始终保持正增长，总量水平在长期趋势之

---

① 现实经济中，金融市场并不完善，因此，无法利用现实数据直接对命题 1 进行经验验证。

上时，经济处于扩张期，相反，则处于紧缩期。

随着增长型周期的出现和持续，诸多宏观经济变量如消费、投资、财政收入等波动幅度减小，其绝对量并不具有明显的周期特征，但其变化幅度或增长率却显著地的周期性变化。图4-1~图4-9为世界各国研发经费内部支出（以下简称为研发经费支出）、研发经费支出增幅与研发经费支出增长率的变动图（基于实证分析所选取29个发达国家①、26个发展中国家②与我国30个省区市的数据，图中对研发经费支出进行了对数化）。可以看出，各国研发经费支出保持了较平稳增长，但其

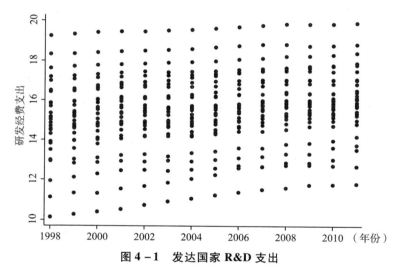

图4-1　发达国家 R&D 支出

资料来源：经济合作与发展组织、联合国教科文组织数据库。

---

① 按照收入水平分组，本书所选发达国家样本包括：奥地利、比利时、加拿大、捷克共和国、丹麦、爱沙尼亚、芬兰、法国、德国、匈牙利、爱尔兰、以色列、意大利、日本、韩国、荷兰、波兰、葡萄牙、新加坡、斯洛伐克共和国、斯洛文尼亚、西班牙、瑞士、英国、美国、塞浦路斯、挪威、瑞典、冰岛。

② 按照收入水平分组，本书所选发展中国家样本包括：阿根廷、巴西、保加利亚、中国、哥伦比亚、克罗地亚、立陶宛、马达加斯加、墨西哥、巴拿马、罗马尼亚、俄罗斯联邦、塞尔维亚、特立尼达和多巴哥共和国、突尼斯、土耳其、乌克兰、阿塞拜疆、哥斯达黎加、埃及、哈萨克斯坦、科威特、吉尔吉斯斯坦、拉脱维亚、蒙古、塔吉克斯坦。

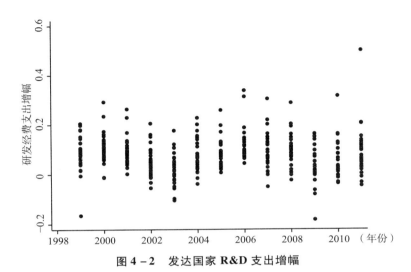

图 4 – 2　发达国家 R&D 支出增幅

资料来源：经济合作与发展组织、联合国教科文组织数据库。

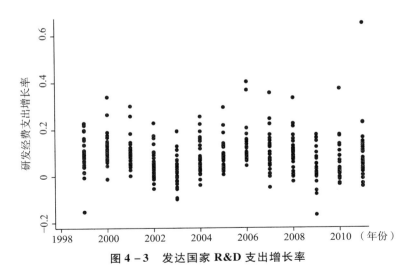

图 4 – 3　发达国家 R&D 支出增长率

资料来源：经济合作与发展组织、联合国教科文组织数据库。

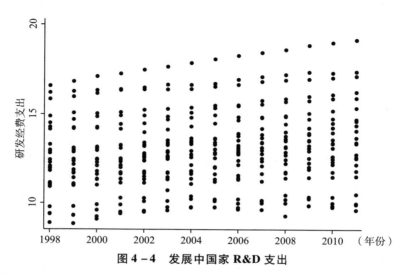

图 4 - 4　发展中国家 R&D 支出

资料来源：经济合作与发展组织、联合国教科文组织数据库。

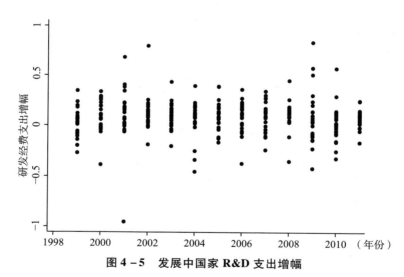

图 4 - 5　发展中国家 R&D 支出增幅

资料来源：经济合作与发展组织、联合国教科文组织数据库。

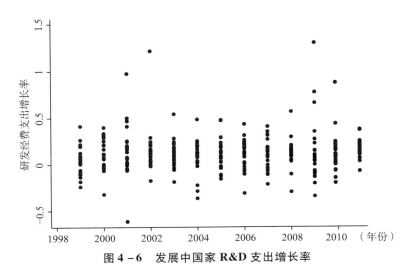

图4-6 发展中国家 R&D 支出增长率

资料来源：经济合作与发展组织、联合国教科文组织数据库。

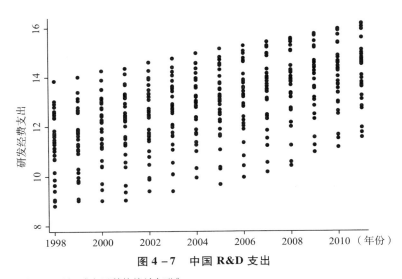

图4-7 中国 R&D 支出

资料来源：历年《中国科技统计年鉴》。

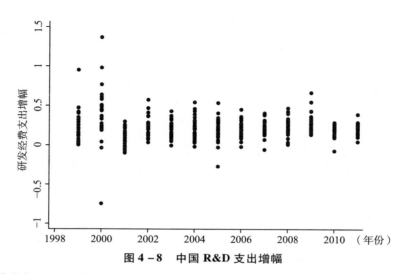

图 4 - 8　中国 R&D 支出增幅

资料来源：历年《中国科技统计年鉴》。

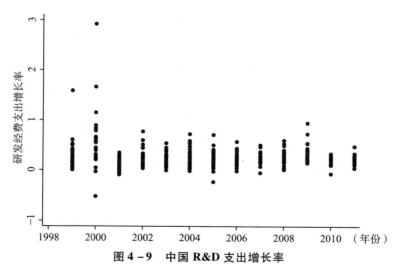

图 4 - 9　中国 R&D 支出增长率

资料来源：历年《中国科技统计年鉴》。

增幅及增长率周期性变动。从图中还能发现，对数化后的研发经费支出增幅与研发经费支出增长率的轨迹相同，虽然两者取值不同，但协动性非常高。本章将以研发经费支出增幅/增长率为研究对象，考察各国研发投入的周期性特征。

4.1.1　研究设计

1. 计量模型的建立与指标选取

鉴于研发经费支出增幅与研发经费支出增长率的轨迹呈现出相同周期特征，两者是一致性指标[①]，本章将选取研发经费支出增幅作为研究对象来考察各国研发投入的周期特征，具体计量模型设定如下：

$$\Delta \ln Z_{it} = \alpha + \beta_1 \ln Z_{it-1} + \beta_2 \text{Gap}_{it} + \beta_3 \text{Control}_{it} + \varepsilon_{it} \qquad (4-1)$$

其中，Z_{it}代表 i 国 t 时期的研发经费内部支出[②]，$\Delta \ln Z_{it}$ 即为研发经费支出增幅。Gap_{it}是经济周期指标，Control_{it}是控制变量，ε 为随机扰动项。研发活动具有连续性，当期研发投入和前期较高相关，因此本书在计量模型中引入研发强度的一阶滞后项 $\ln Z_{it-1}$ 作为解释变量。β_2 反映了研发投入在经济周期中的变动方向，若 β_2 显著为正，则说明研发投入顺周期变化，相反，则说明研发投入逆周期变化。如前文所述，研发投入的主要外部影响因素包括行业因素、融资因素与政府干预，本书实证分析以国家或地区为样本，无法将行业因素纳入计量模型，而融资因素将作为重要变量在后文实证分析中考察。因此，计量模型中的控制变量除了政府支持程度 GOV 之外，还包括人力资本水平 H、贸易开放水平 OPEN 以及金融危机虚拟变量。上述各变量中，研发投入为绝对量，而

---

① 对数化后研发入增幅的计算公式为 $\Delta \ln Z_{it} = \ln Z_{it} - \ln Z_{it-1} = \ln\left(\dfrac{Z_{it}}{Z_{it-1}}\right)$，不难发现，研发经费支出增幅是将研发经费支出增长率加 1 后取对数，因此两者变化趋势相同。

② 研发经费内部支出不包括生产性活动支出、贷款支出以及委托或与外单位合作进行研发活动而转拨给对方的经费支出，因此不存在研发投入的重复计算。

其他变量均为相对量，为了降低各变量之间的量级差，本书对研发投入进行了对数化。各主要变量的指标选取方法如下：

（1）经济周期指标 Gap。

若使用同比增长率来衡量经济周期则存在多种弊端，如无法准确消除产出的长期趋势、不能获得第一期增长率、不适用于"增长型"经济周期等问题。因此，本书利用产出缺口来衡量经济所处周期阶段及总量波动幅度，这个方法可以有效克服同比增长率衡量经济周期时存在的多种弊端。产出缺口的具体估算方法见下文。

（2）政府支持程度 GOV。

政府支持对研发活动有双重影响，一方面，政府对研发活动支持可以降低研发活动成本和风险（Yager & Schmidt，1997），并缩小私人收益与社会收益之间的差距，鼓励经济主体加大研发投入；但另一方面，政府过度干预可能扭曲资源配置，对研发投入产生挤出效应，限制社会研发投入规模。这是因为，政府干预创新活动时，由于并非所有企业都能得到政府支持，企业将产生寻租行为，或会过度依赖政府支持，以获取边际机会成本为零的政府资金（康志勇，2013；刘锦和王学军，2014）。为控制政府支持对各国研发投入的影响，本书将其引入计量模型，使用一国研发经费支出中政府筹集比例来衡量。此外，由于我国统计资料对各地区研发经费支出中政府筹集金额的统计时间跨度太短，无法满足实证分析所需，因此本书借鉴陈仲常和余翔（2007）的方法，利用科技活动经费筹集总额中政府资金所占比重度量政府支持程度。

（3）人力资本水平 H。

人力资本体现在个人所拥有的技能、知识和经验等方面，通过接受教育、积累经验，人力资本是可以改变的（Becker，1964；Gradstein & Justman，2000）。人力资本是研发活动不可或缺的因素，同时，拥有较高教育水平的劳动者更具创新精神（Koellinger，2008），因此，本书在计量模型中引入人力资本水平作为控制变量。一般情况下，国际经验研究多利用高等院校入学率度量人力资本水平，而国内经验研究研究多利用人均受教育年限度量人力资本水平，鉴于此，本书根据祝树金等（2010）的研究，选取高等院校入学率衡量各国人力资本水平，并采用陈钊等（2004）提出的方法，估算人均受教育年限衡量我国各地区人力资本水平。具体方法是：将每一种受教育水平按不同年限折算，乘以该教育水平的人数并加总，再除以相应总人口。大学及以上教育水平以 16 年记，其他依次是高中 12 年、初中 9 年、小学 6 年、扫盲班 1 年、文盲 0 年。

（4）贸易开放水平 OPEN。

国际贸易是技术进步与创新的引擎（Grossman & Helpmen，1991），贸易影响一国技术创新是通过"干中学"实现的，从事进口贸易的企业通过吸收进口中间品或机器设备中先进技术提升技术水平，与不参与国际贸易的企业相比，进行研发活动的概率更高；同时，贸易开放带来竞争效应将迫使本国企业更多投入研发活动以增强自身竞争力（Holmes & schmitz，2001），因此，本书将贸易开放水平作为控制变量加入计量模型，并参照陈福中和陈诚（2013）的研究，使用进出口总额占 GDP 的比重来衡量。

2. 产出缺口的估算

借助同比增长率方法消除经济增长长期趋势，并利用其高低、拐点、持续时间长短来判断经济所处周期阶段和周期波动特征是经典的经济周期分析模式，这种方法简单易行，但存在多种弊端：第一，这种方法适用于经济总量服从指数增长的情况，在其他情况下，会出现长期趋势消除过度或不足的问题。第二，分析结果受短期波动影响较大，加大短期和不规则因素的振幅。第三，无法得到样本期内第一年增长率，处理时间跨度较短的数据时会造成信息损失。第四，该方法更适用于"古典型"经济周期，而在"增长型"经济周期中，增长率变化并不能准确反映经济所处周期阶段与总量相对波动幅度，若根据简单设定的临界值来判断则会加大人为因素干扰。

在增长型经济周期中，从经济总量中分离长期趋势成分，并利用周期性成分波动幅度对经济周期进行描述和刻画是现代经济周期理论与实证研究的核心问题（刘金全和刘志刚，2005）。皮尔森（Pearson）最早指出一个时间序列可分为四个组成部分，分别为长期趋势成分（trend）、季节性成分（seasonal）、周期性成分（cycle，即为产出缺口）以及随机性成分（irregular），其中，长期趋势成分是时间序列在较长时间内所具有的趋势特征；季节性成分每年重复出现，以4个季度为一个周期；周期性成分是时间序列的波动成分，以数年为一个周期；随机性成分由随机冲击引起。因此，从实际产出中分离周期性成分以估算产出缺口是刻画经济周期的关键。要估算产出缺口，首先需准确测算产出的长期趋势，即潜在产出。产出缺口是实际产出和潜在产出差额占实际产出的比重，而潜在产出是在非加速通货膨胀情况下，一国现有劳动力、资本和技术所能实现的产出水平。潜在产出估算方法可分为两类，分别是经济结构关系估计法与趋势消除法。

（1）经济结构关系估计法。

经济结构关系估计法建立在各变量经济关系的基础上，根据要素投入产出理论，分离出结构性和周期性因素对产出的影响，从而估算潜在产出。该方法有坚实的理论基础，可保证估算结果的科学性，但对数据真实性和有效性要求较高。经济结构关系估计法主要包括四种方法。

第一，奥肯定律法。根据奥肯定律，经济增长率与失业率成一定比例关系，因此，根据公式 $\left(\dfrac{1}{a}\right)(Y_t - Y_t^*) = -\beta(\mu_t - \mu_t^*)$（$Y_t^*$ 和 μ_t^* 分别是潜在产出和自然失业率）可估算潜在产出，但估算结果严重依赖于自然失业率和参数设定。

第二，资本—产出比率法。这种方法假设资本投资和产出有稳定的比例关系，通过观察现实产出和资本比例变化来测算实际产出对潜在产出的偏离，偏离程度即周期性成分。同样，该方法的估计结果严重依赖于资本—产出比例和参数设定。

第三，要素需求函数推导法。这种方法通过建立要素需求函数推导出资本投入与产出的经济关系进而估算潜在产出，使用这种方法时，数据可得性较差。

第四，生产函数法。即使用现实数据估计总量生产函数得到全要素生产率（TFP），然后借助趋势消除法得出潜在全要素生产率并估算潜在就业，最后将潜在全要素生产率与潜在就业带入总量生产函数得到潜在产出。这种方法充分考虑生产要素和技术进步对产出的影响，估计结果更具说服力，但计算过程较为复杂，对数据要求较高，同时，面临对资本存量和潜在就业测度的难题。

（2）趋势消除法。

趋势消除法利用平滑工具将时间序列分解为长期趋势成分与周期成分，其最大优势在于简便易用。这里主要介绍趋势消除法中的单变量滤波法。20 世纪 90 年代开始，源于基本谱分析知识的滤波技术得到广泛应用，常用滤波法有 BN 分解、低通滤波、高通滤波、带通滤波和 HP 滤波（陈昆亭等，2004；颜双波和张连城，2007）。谱分析将时间序列看作不同波长成分的叠加，根据不同频域对时间序列进行分解，即可以得到不同频率成分。

第一，BN 分解法。贝弗里奇和纳尔逊（Beveridge & Nelson，1981）认为实际产出是不确定性的时间趋势，表现为随机游走过程，即 $\Delta\ln(Y_t) = \delta + \varphi(L)\varepsilon_t$（$\Delta$ 为一阶差分算子），他们借助 ARIMA 方法把非平稳时间序列分解为长期趋势成分和周期性成分，暂时性成分则被分解为随机游走过程和平稳自回归过程。这个方法会产生噪音周期，使得实际产出和经济周期负相关。

第二，低通滤波、高通滤波和带通滤波（low-pass filter，high-pass filter，band-pass filter）。低通滤波只允许移动速度很慢的低频信息通过，消除高频信息，高通滤波则相反。带通滤波是高通滤波与低通滤波的组合，其假定时间序列是不同频率周期函数的加权组合，高频信息一般为随机扰动成分，低频信息一般为长期趋势成分，通过限定滤波算子剔除低频信息和高频信息，得到的中间频域信息则为经济周期成分。该方法的缺陷是无法对近年潜在产出进行估算。

第三，HP 滤波（hordrick-prescott filter），这一方法因为建立在对实际产出趋势较为合理的描述基础上而得到了广泛应用（郭庆旺和贾俊雪，2004）。HP 滤波由霍德里克和普雷斯科特（Hodrick & Prescott，1997）提出，他们假设实际产出由短期波动成分和长期趋势成分组成，通过最小化（T 为样本期）

$$\sum_{t=1}^{T} (\ln Y_t - \ln Y_t^*)^2 + \lambda \sum_{t=2}^{T-1} \left[(\ln Y_{t+1}^* - \ln Y_t^*) - (\ln Y_t^* - \ln Y_{t-1}^*) \right]^2$$

$$(4-2)$$

从而将实际产出的自然对数 $\ln Y_t$ 分解为长期趋势成分 $\ln Y_t^*$ 与周期性成分 Gap_t，后者即为产出缺口，计算公式为：$Gap_t = \ln Y_t - \ln Y_t^* = \dfrac{(Y_t - Y_t^*)}{Y_t^*}$。利用 HP 滤波器估算产出缺口时，需要选择适当的平滑参数 λ。一般认为，处理季度数据，平滑参数取值 1 600（Hodrick & Prescott，1997；1980），而处理年度数据时，学者们分歧较大。其中，库勒和瓦尼安（Cooley & Ohanian，1991）认为 λ 应取值 400，巴科斯和科赫（Backus & Kehoe，1992）认为 λ 应取值 100，拉文和乌利希（Ravn & Uhlig，2002）指出 λ 应是观测数据频率的 4 次方，即 6.25。张连城和韩蓓（2009）研究发现平滑参数取值 100 时，HP 滤波器能更准确地刻画经济长期经济增长路径，取值为 6.25 时，HP 滤波器能更好地捕捉潜在产出波动特征。

总体来说，经济结构关系法虽然有坚实的理论基础，但计算结果严重依赖参数设定，且计算过程较为复杂，不适合面板数据潜在产出和产出缺口的估算。趋势消除法中，BN 分解法会产生噪音周期，带通滤波又无法得到近年的估计值。因此，根据研究需要，本书采用趋势消除法中较为流行的 HP 滤波来估算潜在产出与产出缺口。估算过程中，采纳张连城和韩蓓（2009）的建议，将平滑参数 λ 取值 6.25，利用式（4-2）得到了 29 个发达国家、26 个发展中国家以及我国 30 个省区市各年潜在产出与产出缺口。

3. 数据说明

考虑到数据完整性和可获得性，实证分析中，本章选取 29 个发达国家与 26 个发展中国家 1998 ~ 2011 年的数据为样本。各国研发经费内部支出的数据来源于经济合作与发展组织（Organization for Economic Cooperation and Development）和联合国教科文组织（United Nations Educational, Scientific and Cultural Organization）数据库；各国国内生产总值的数据来自于国际货币基金组织的世界经济展望报告（world economic outlook databases）；各国高等学校入学率与进出口总额等数据来源于世界银行数据库（world bank）。为使各国数据之间具备可比性，本书使用美元作为各变量统一计量单位。本章所选控制变量中，个别国家对此统计不详，为在尽可能保留信息量的前提下保证估计结果稳健性，本章将建立非平衡面板数据并对计量模型（4 - 1）逐步估计，具体处理方法见后文"估计方法"的说明。

此外，本章选取我国 30 个省区市（西藏数据缺失被除外、港澳台除外）的面板数据考察我国转型期研发投入的周期特征，为保证不同样本之间估计结果具备可比性，时间跨度仍然被设定为 1998 ~ 2011 年。我国各地区、大中型工业企业研发经费内部支出、科技活动经费筹集总额及科技经费筹集总额中政府资金等数据来源于《中国科技统计年鉴》，各地区、大中型工业企业生产总值与进出口总额等数据来源于《中国统计年鉴》，各阶段受教育水平人数的数据来源于《中国人口年鉴》。需要说明的是，其一，由于 2009 年统计口径发生变化，《中国科技统计年鉴》不再对外公布各地区科技活动经费筹集总额中政府资金的数额，因此，对我国转型期现实情况的考察依然采用非平衡面板数据；其二，由于数据来源限制，本书无法将人力资本水平指标具体到大中型工业企业层面，因此，对大中型工业企业的考察中，仍然使用各地区总体人力资本水平作为控制变量。各主要变量含义及描述性统计如表 4 - 1 所示。

表 4 - 1   **各变量描述性统计**

变量	变量含义（单位）	样本数	均值	标准差	最小值	最大值
发达国家组						
Z	研发经费支出（十亿美元）	406	26.1919	64.0955	0.0254	429.143
$\Delta\ln Z$	对数化后研发经费支出的增幅	377	7.6237	7.3776	-18.3766	50.1428
Gap	产出缺口（%）	406	1.74e-09	6.2726	-23.0265	21.3814
OPEN	对外开放度（%）	406	77.6624	54.6143	16.4149	345.4244
GOV	政府支持（%）	392	37.4419	12.7062	11.5943	73.8422
H	人力资本（%）	364	60.6959	16.447	19.5623	101.7592
发展中国家组						
Z	研发经费支出（十亿美元）	364	5.4202	20.0287	0.0037	205.3828
$\Delta\ln Z$	对数化后研发经费支出的增幅	338	8.3956	17.3115	-95.2273	83.461
Gap	产出缺口（%）	364	1.90e-08	8.9531	-51.1376	33.6033
OPEN	对外开放度（%）	350	64.832	27.2231	13.3054	169.1685
GOV	政府支持（%）	322	56.9583	21.7577	0.0002	143.9849
H	人力资本（%）	280	41.6003	20.0615	2.0804	83.3214
中国 30 个省区市						
Z	研发经费支出（亿元人民币）	420	102.794	164.103	0.6757	1 065.511
$\Delta\ln Z$	对数化后研发经费支出的增幅	390	26.6311	16.0099	-74.48	136.6311
Gap	产出缺口（%）	420	6.55e-09	2.7363	-12.2622	13.1447
OPEN	对外开放度（%）	420	33.2133	43.3441	3.1667	184.2888
GOV	政府支持（%）	330	25.9988	11.3321	3.8503	62.5801
H	人力资本（年）	420	8.0498	1.04695	3.8714	11.555

续表

变量	变量含义（单位）	样本数	均值	标准差	最小值	最大值
中国 30 个省区市大中型工业企业 *						
Z	研发经费内部支出	390	47.0862	843 270	0.1356	626.8811
$\Delta \ln Z$	对数化后大中型工业企业研发经费支出的增幅	360	0.2412	0.2607	−1.5301	1.6313
GOV	大中型工业企业科技活动经费筹集总额中政府资金比重（%）	330	5.925	5.6488	0.152	38.1133

注：1. * 是指《中国科技统计年鉴》对大中型工业企业研发经费内部支出的统计期间为 2001～2010 年。

2. 本表选取了中国 30 个省区市（西藏数据缺失被除外、港澳台除外）大中型工业企业的面板数据。

资料来源：本书计算所得。

4. 估计方法

本书所选面板数据时间跨度相对于截面数据较少，且模型中研发投入与经济周期有反向因果关系，会造成内生性问题，因此采用动态面板数据与系统广义矩估计方法（system GMM）进行处理。动态面板数据模型违背了解释变量严格外生的假定，若采用混合最小二乘法（ordinary least square，OLS）、固定效应（fixed effects，FE）或随机效应（random effects，RE）方法直接回归则将导致参数估计偏误和非一致性，因此，本书采用阿雷拉诺和邦德（Arellano & Bond，1991）、布伦德尔和邦德（1998）提出的广义矩估计方法（generalized method of moments，GMM）对计量模型进行估计。

目前，广义矩估计有两种处理方法，差分广义矩估计和系统广义矩估计方法，前者对模型进行一阶差分以去除固定效应影响，并使用滞后的解释变量作为模型应变量的工具变量（Arellano & Bond，1991），这种方法受弱工具变量的影响容易产生向下的大的有限样本偏差（Blundell & Bond，1998），而系统广义矩估计结合差分方程和水平方程，并增加一组滞后的差分方程作为水平方程相应变量的工具，与差分广义矩估计相比，有限样本性质更佳。

回归过程中，为保证估计结果的稳健性，本书将对工具变量有效性进行 Hansen 过度识别约束检验，对随机误差项的二阶序列相关进行 Aerllano - Bond 检验，并尽可能使工具变量数不超过截面数，同时，遵循邦德（2002）提出的一个原则：如果滞后项的 GMM 估计值介于混合 OLS 估计值和固定效应估计值之间，则表明 GMM 估计结果是可靠有效的。因为混合 OLS 估计通常会导致向上偏误的滞后项系数，而在时间跨度较短的面板数据中，固定效应估计则会产生向下偏误的滞后项系数。

前文所选取的控制变量所需数据中，个别国家没有对高等院校入学率与研发经费支出中政府筹集比例的统计，而我国《中国科技统计年鉴》缺少 2009 ~ 2011 年科技活动经费筹集中政府资金数额的统计，如果直接删除这些样本会造成信息量缺失，为了在尽可能保留信息量的情况下保证估计结果稳健性，本章将建立非平衡面板数据对计量模型进行逐步估计，首先在不加入控制变量的情况下直接对经济周期指标系数进行估计，然后加入控制变量再次估计计量模型，如果经济周期指标系数没有发生明显变化，则进一步说明估计结果是稳健可靠的。

4.1.2　实证结果——基于跨国面板数据的研究

1. 发达国家研发投入的周期特征

本章使用最小二乘法（OLS）、固定效应（FE）与系统广义矩（SYS - GMM）三种方法对计量模型（4 - 1）进行逐步估计，估计结果如表 4 - 2 所示，第（1）~（3）列中对研发投入与经济周期之间的关系直接进行检验，第（4）列 ~（6）列加入控制变量再次检验两者之间的关系。可以看出，表 4 - 2 第（3）列与第（6）列 SYS - GMM 估计结果是稳健可靠的，理由是：①Hansen 检验统计值大于 0.05，不能拒绝工具变量有效的原假设；②AR（2）检验统计值大于 0.05，不能拒绝一阶差分方程

随机误差项中不存在二阶序列相关的原假设；③工具变量数（分别为22
与25）不大于截面数（29）；④第（3）列与第（6）列滞后项 lnZ_1 的
SYS – GMM 估计值介于 OLS 估计值与 FE 估计值之间；⑤第（6）列与加
入控制变量后，与第（3）列估计结果相比，经济周期指标 Gap 系数没有
发生明显变化。下面将根据第（6）列估计结果进行分析。

表 4 – 2   基于 29 个发达国家面板数据的估计结果

	（1）	（2）	（3）	（4）	（5）	（6）
估计方法	OLS	FE	SYS – GMM	OLS	FE	SYS – GMM
lnZ_1	– 0.0112 *** (522.12)	– 0.0297 *** (88.37)	– 0.008 *** (299.36)	– 0.009 *** (338.53)	– 0.0351 *** (50.95)	– 0.003 *** (85.21)
Gap	0.0013 ** (2.10)	0.0013 ** (2.19)	0.0015 *** (4.54)	0.0011 * (1.67)	0.0012 ** (2.02)	0.0013 *** (4.39)
GOV				0.0002 (0.38)	– 0.003 *** (– 3.21)	0.0008 (0.73)
OPEN				0.0002 (1.28)	0.0019 *** (5.08)	0.0003 ** (2.00)
H				0.0000 (0.03)	– 0.0009 (0.03)	0.0006 * (1.87)
Year2007	0.0092 (0.64)	0.0125 (0.90)	0.0052 (1.00)	0.0081 (0.39)	0.0004 (0.003)	0.0031 (0.54)
常数项	0.2484 *** (8.42)	0.5401 *** (3.13)	0.1774 *** (3.74)	0.1982 *** (3.31)	0.6322 ** (2.22)	0.029 (0.11)
样本数	377	377	377	325	325	325
Prob > F	0.0000	0.0000	0.0000	0.0000	0.0000	0.0000
AR（1）			0.003			0.006
AR（2）			0.811			0.412
Hasen 检验			0.120			0.182
工具变量数			22			25

注：1. 括号中的数值是 t 统计量；
2. *** 表示在 1% 水平上显著，** 表示在 5% 水平上显著，* 表示在 10% 水平上显著；
3. lnZ_1 和 Gap 是内生变量，其余是外生变量；
4. OLS 是混合回归，FE 是固定效应，SYS – GMM 是系统广义矩估计；
5. 为了满足工具变量数不大于截面数及工具变量的有效性，第（3）和第（6）列中，对
内生变量滞后一期并用了 collapse，对于因变量的一阶滞后分别用了滞后三期和两期。

　　估计结果显示，经济周期指标 Gap 系数为正，且通过 1% 显著性水平检验，说明发达国家研发经费支出增幅呈顺周期变动的特征，即研发经费支出的增长速度在经济扩张期加快，而在经济紧缩期减缓。这也表明，在发达国家，融资约束对研发投入的限制足以抵消机会成本效应对其产生的激励，导致研发投入顺周期变动。根据研究需要，作者观察了各国数据，发现研发经费支出增长率与产出缺口同方向变动，现实情况与本书估计结果相吻合①。本书仅以芬兰、美国、日本与意大利为例来说明，如图 4 - 10 ~ 图 4 - 13 所示，左纵轴标记研发经费支出增长率，右纵轴标记产出缺口。不难发现，各国研发经费支出增长率与产出缺口同方向变动，且两者协动性较高，从而证实本书对发达国家的研究结果是可靠的。

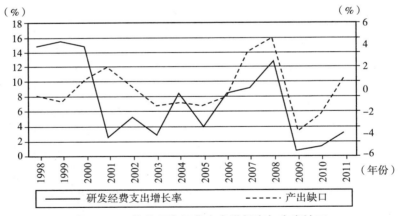

图 4 - 10　芬兰研发经费支出增长率与产出缺口

资料来源：经济合作与发展组织、联合国教科文组织数据库。

---

　　① 鉴于研发经费支出增幅与研发经费支出增长率是一致性指标，取值不同但变化趋势完全相同，因此对后者与产出缺口变化趋势的对比依然能证明本书的估计结果是稳健可靠的。

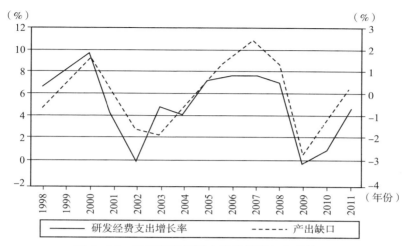

图 4 – 11　美国研发经费支出增长率与产出缺口

资料来源：经济合作与发展组织、联合国教科文组织数据库。

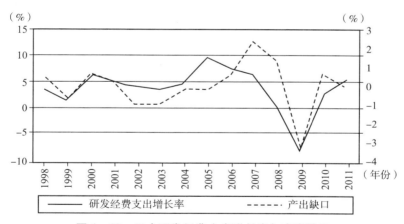

图 4 – 12　日本研发经费支出增长率与产出缺口

资料来源：经济合作与发展组织、联合国教科文组织数据库。

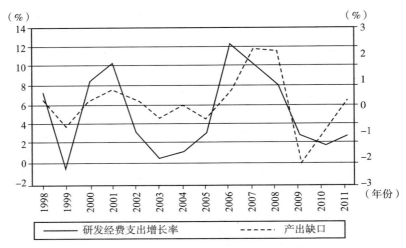

图 4 - 13　意大利研发经费支出增长率与产出缺口

资料来源：经济合作与发展组织、联合国教科文组织数据库。

　　其他影响研发投入的控制变量估计结果表明，贸易开放度指标 OPEN 的系数显著为正，说明贸易开放水平提高带来的"技术外溢"与竞争程度提高有助于增加发达国家研发投入；人力资本水平 H 提高对研发投入有显著正向影响，表明人力资本水平越高，越有利于吸收技术外溢并发挥企业家创新精神，促进技术创新与研发投入；然而，政府支持 GOV 对发达国家研发投入的影响并不显著，这是因为，在发达国家中，技术创新以企业为主体，政府对研发活动干预较少，弱化了政府支持对研发投入的影响。根据本书计算，2011 年，美国、日本、韩国和芬兰等国家研发经费支出中政府筹资比重分别仅为 31.17%、16.4%、24.9% 与 25.03%，远远低于阿根廷、巴西与俄罗斯等主要发展中国家的 71.56%、52.64% 与 67.8%。最后，考虑到样本期内发生金融危机，本书在计量模型中加入年度虚拟变量 Year2007，估计结果表明，金融危机未对发达国家研发投入产生显著影响。

2. 发展中国家研发投入的周期特征

　　这里采用相同方法并利用发展中国家面板数据对计量模型（4 - 1）

逐步估计，估计结果如表4－3所示。相应的，Hasen 检验、AR（2）检验、工具变量数、滞后项 lnZ_1 的 SYS－GMM 估计值均表明第（3）列与第（6）列 SYS－GMM 估计结果是稳健可靠的，下面根据第（6）列估计结果进行分析。

表4－3　　　　　　　基于 26 个发展中国家面板数据的估计结果

	（1）	（2）	（3）	（4）	（5）	（6）
估计方法	OLS	FE	SYS－GMM	OLS	FE	SYS－GMM
lnZ_1	0.0047 *** (244.09)	－0.0887 *** (39.90)	－0.0012 *** (63.31)	0.0067 *** (190.78)	－0.1756 *** (25.29)	0.0031 *** (109.21)
Gap	0.001 (0.80)	0.0011 (0.85)	0.0089 *** (3.56)	0.0038 *** (3.03)	0.0036 *** (3.08)	0.0079 ** (2.28)
OPEN				0.0006 (1.35)	0.001 (1.56)	0.0014 ** (2.27)
GOV				－0.007 (－1.28)	－0.0034 *** (－3.55)	－0.0029 *** (－3.20)
H				－0.0009 * (－1.82)	0.0059 *** (3.31)	－0.0018 ** (－2.30)
Year2008	0.005 (0.12)	0.0313 (0.76)	－0.1247 ** (－2.61)	－0.0346 (－0.82)	－0.0068 (－0.17)	－0.0759 ** (－1.85)
常数项	0.0887 *** (8.11)	0.1473 *** (2.97)	0.0994 *** (5.49)	0.1487 *** (3.46)	0.0339 (0.28)	0.2516 *** (5.22)
样本数	338	338	338	234	234	234
Prob > F	0.0000	0.0000	0.0000	0.0034	0.0000	0.0000
AR（1）			0.021			0.005
AR（2）			0.210			0.113
Hasen 检验			0.343			0.923
工具变量数			22			26

注：1. 括号中的数值是 t 统计量；

2. *** 表示在 1% 水平上显著，** 表示在 5% 水平上显著，* 表示在 10% 水平上显著；

3. lnZ_1，Gap 是内生变量，其余是外生变量；

4. OLS 是混合回归，FE 是固定效应，SYS－GMM 是系统广义矩估计；

5. 为满足工具变量数不大于截面数及工具变量的有效性，第（3）列和第（6）列中，对内生变量滞后一期并用了 collapse，对于因变量的一阶滞后用了滞后三期。

可以看出，经济周期指标 Gap 系数为正，且通过 5% 显著性水平检验，表明发展中国家研发经费支出的增幅顺周期变动。发展中国家，金融发展水平较低，融资约束较强，相比而言，机会成本效应对研发投入的影响比较有限，而融资约束对经济主体研发投入决策有决定性影响，因研发活动在经济扩张期更容易获得的融资，导致研发投入顺周期变动，该估计结果和现实情况相吻合。

图 4 – 14 与图 4 – 15 分别为阿根廷和巴西研发经费支出增长率与产出缺口的协动图（左纵轴标记研发经费支出增长率，右纵轴标记产出缺口），不难发现，大部分年份中，两者同方向变动且协动性较强。值得注意的是，在发展中国家，研发投入对经济周期的反应力度较发达国家更大，即其顺周期变化的特征更明显，根据第 3 章的理论推导，这是因为，发展中国家融资约束程度较发达国家更高，从而研发经费支出对经济周期波动的反应力度更大。但这并不必然导致发展中国家研发经费支出增长速度在经济扩张期的提高幅度大于发达国家，这是因为更高的融资约束水平在加大研发经费支出对经济周期反应力度的同时，降低了经济主体的研发投入水平，其对一国研发投入有两个方向的影响。

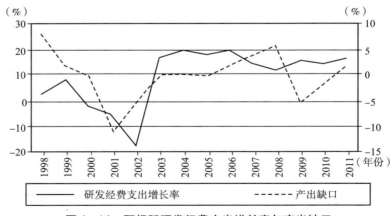

图 4 – 14　阿根廷研发经费支出增长率与产出缺口

资料来源：经济合作与发展组织、联合国教科文组织数据库。

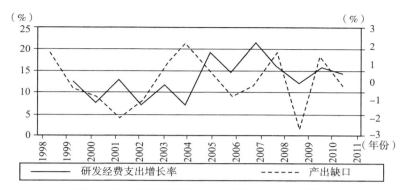

图 4 – 15 巴西研发经费支出增长率与产出缺口

资料来源：经济合作与发展组织、联合国教科文组织数据库。

其他影响研发投入的控制变量估计结果表明：首先，贸易开放显著地提高了发展中国家研发经费支出增幅，与发达国家回归结果相比，发展中国家作为技术外溢吸收国，贸易开放对其研发投入的促进作用更大。其次，政府支持程度指标 OPEN 系数显著为负，表明政府支持不利于增加研发投入，原因是，发展中国家政府对研发活动的干预过多，导致资源配置的扭曲，对研发投入产生挤出效应。再次，人力资本对研发投入有负向影响，表明人力资本水平提高没有增加研发投入，这可能是因为，人力资本对创新的作用存在门槛效应（孙健和齐建国，2009；杨俊等，2009），发展中国家人力资本水平较低，处于门槛值之下，无法发挥其对研发投入的促进作用，而发达国家相反。最后，金融危机于 2007 年在美国爆发，迅速席卷欧盟、日本等主要发达国家，经过一段时滞后通过贸易、金融等渠道影响发展中国家宏观经济总量与投资活动，因此，本书使用 Year2008 控制金融危机对发展中国家研发投入的影响。估计结果表明，2008 年，金融危机使发展中国家研发经费支出增长速度下降。

4.1.3　实证结果——基于我国 30 个省区市面板数据的研究

在对发达国家和发展中国家研发投入的周期特征考察之后，本书将研究视角聚焦于中国，选取 30 个省区市 1998～2011 年的面板数据，首先从整体上考察转型期中国研发投入与经济周期的关联，然后利用大中型工业企业数据对研发投入周期特征再次验证。

1. 我国研发投入的周期特征

如前文所述，由于控制变量中政府支持程度的指标数据有缺失，对计量模型估计时，本书依然采取逐步回归方法，在尽可能保留变量信息的同时保证估计结果稳健性。2007 年，美国发生次贷危机并发展为全球金融危机，波及日本、欧盟等主要发达国家。我国与美国、日本等国经济往来密切，危机迅速通过贸易、投资等渠道影响我国实体经济，因此，本书在模型中引入年度虚拟变量 Year2007 与 Year2008 控制金融危机对研发投入的影响。计量模型估计结果如表 4－4 所示，类似地，Hansen 检验、AR（2）检验、滞后项 lnZ_1 的 SYS－GMM 估计值及工具变量数等检验方法均表明第（3）列和第（6）列估计结果是稳健可靠的，下面根据第（6）列估计结果进行分析。

表 4－4　　　　　　　基于我国 30 个省区市面板数据的估计结果

估计方法	（1）	（2）	（3）	（4）	（5）	（6）
	OLS	FE	SYS－GMM	OLS	FE	SYS－GMM
lnZ_1	－0.0082 *** (187.41)	－0.0347 *** (99.01)	－0.0085 *** (337.03)	－0.0179 *** (108.30)	－0.1726 *** (29.51)	－0.0495 *** (52.38)
Gap	0.0022 (0.71)	0.003 (0.94)	0.0041 *** (3.62)	0.0038 (0.98)	0.0069 * (1.87)	0.0083 *** (3.07)
OPEN				0.0003 (1.00)	0.003 *** (2.80)	0.0007 *** (2.82)
GOV				－0.0023 ** (－2.47)	－0.0029 (－1.21)	－0.0025 *** (－3.00)
H				－0.0012 (－0.09)	0.0536 ** (1.96)	－0.0003 (－0.04)

续表

	（1）	（2）	（3）	（4）	（5）	（6）
估计方法	OLS	FE	SYS－GMM	OLS	FE	SYS－GMM
Year2007	－0.0214 （－0.69）	－0.0056 （－0.18）	－0.026*** （－3.97）	－0.0162 （－0.46）	0.0809** （2.14）	－0.0012 （－0.07）
Year2008	－0.0412 （－1.32）	0.0194 （0.60）	－0.0036 （－0.36）	0.0019 （0.05）	0.1275** （3.11）	0.0359** （2.44）
常数项	0.3536*** （5.26）	0.6866*** （4.54）	0.3378*** （8.41）	0.5063*** （3.69）	1.783*** （4.11）	0.8852*** （4.25）
样本数	390	390	390	300	300	300
Prob＞F	0.000	0.000	0.0000	0.0000	0.0000	0.0000
AR（1）			0.034			0.049
AR（2）			0.120			0.078
Hasen 检验			0.251			0.533
工具变量数			25			19

注：1. 括号中的数值是 t 统计量；

2. ***表示在 1% 水平上显著，**表示在 5% 水平上显著，*表示在 10% 水平上显著；

3. $\ln Z\_1$，Gap 是内生变量，其余是外生变量；

4. OLS 是混合回归，FE 是固定效应，SYS－GMM 是系统广义矩估计；

5. 为满足工具变量数不大于截面数及工具变量的有效性，第（3）列和第（6）列中，分别对内生变量滞后两期和三期并用了 collapse，对于因变量的一阶滞后用了滞后两期。

不难发现，经济周期指标 Gap 系数为正，且通过 1% 显著性水平检验，表明我国研发经费支出增幅顺周期变动。如图 4－16 所示是我国研发经费支出增长率和经济周期协动图，经济周期各阶段，我国研发经费支出均保持正增长，除了 2001 年、2002 年与 2009 年，其余大部分年份研发经费支出增长率与经济周期同方向变化，证明本书计量模型估计结果是可靠的。从图中还可以发现，2007 年开始，我国经济波动幅度增大，但研发经费支出增长率并没有同比例变化，原因是，第一，我国创新体系构建以政府为主导，研发创新由政策推动而非需求拉动（孙玉涛和苏敬勤，2012），削弱了研发投入对经济因素的反应，因此，经济扩张引起的需求增加并没有大幅提高我国研发经费支出。第二，2006 年以来，我国相继出台《国家中长期科学和技术发展规划纲要 （2006～2010 年)》《企业研究开发费用税前扣除管理办法 （试行） 的通知》《国家科学技术奖励条例实施细则》 等多项创新支持政策，以大力促进研发投入，加之经济主体有平滑研发投入的倾向 （Barlevy，2007；杨兴全和曾义，2014)，因此 2009 年经济下行并没有大幅降低我国研发经费支出增长率。

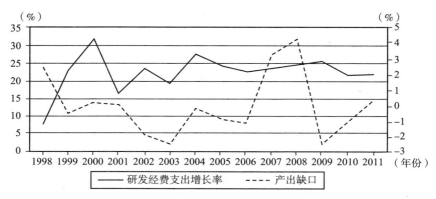

图 4－16　我国研发经费支出增长率与产出缺口协动图

资料来源：历年《中国科技统计年鉴》《中国统计年鉴》。

对其他控制变量的估计结果表明，首先，贸易开放水平 OPEN 的系数显著为正，表明贸易开放水平越高，贸易带来的技术外溢与竞争效应对研发投入的促进作用越强；其次，与其他发展中国家相同，政府支持并没有发挥对我国研发投入促进的作用，甚至通过挤出效应。最后，2008 年，金融危机使我国研发经费支出的增幅上升，表现出机会成本效应的特征，即负向冲击降低研发投入机会成本，导致其对生产性投入的跨期替代。

2. 我国大中型工业企业研发投入的周期特征

本书进一步从工业企业层面考察我国研发投入周期特征。由于统计口径变化，2011 年开始，《中国科技统计年鉴》不再统计大中型工业企业相关数据，而规模以上企业相关数据的统计时间跨度又太短，因此，本书利用 1998～2010 年我国 30 个省区市大中型工业企业的面板数据再次估计计量模型（4-1），估计结果如表 4-5 所示，类似的，Hansen检验、AR（2）检验、滞后项 lnZ_1 的 SYS-GMM 估计值及工具变量数等检验方法均表明，第（3）列和第（6）列 SYS-GMM 估计结果是稳健可靠的。估计结果表明，大中型工业企业研发经费支出的增幅顺周期变动，与利用我国 30 个省区市面板数据的估计结果相同。值得注意的是，政府支持同样对大中型工业企业研发强度有负向影响，表明政府对企业研发活动进行了过度干预，对研发投入产生挤出效应，而企业是我国研发投入的主体，其研发经费支出在社会总研发投入中占比较高，该挤出效应需引起重视。其他控制变量的估计结果这里不再赘述。

表 4-5　　　基于我国 30 个省区市大中型工业企业面板数据的估计结果

	（1）	（2）	（3）	（4）	（5）	（6）
估计方法	OLS	FE	SYS-GMM	OLS	FE	SYS-GMM
lnZ_1	-0.0008 *** （109.35）	-0.0538 *** （55.99）	-0.0026 *** （109.49）	-0.0218 *** （64.21）	-0.2163 *** （20.39）	-0.0319 *** （96.82）
Gap	0.0099 * （1.83）	0.0092 * （1.68）	0.0098 ** （2.29）	0.0053 （0.58）	0.0073 （0.74）	0.0198 *** （5.97）
OPEN				0.0002 （0.48）	0.0056 *** （3.17）	0.0003 * （1.72）
GOV				-0.0034 ** （-2.15）	-0.0084 ** （-2.14）	-0.0035 *** （-4.92）
H				0.0066 （0.29）	0.056 （1.25）	0.0127 （1.32）
Year2007	-0.0253 （-0.49）	0.0117 （0.22）	-0.0309 （-1.06）	-0.0032 （-0.06）	0.1388 ** （2.17）	-0.0247 （-1.47）
Year2008	-0.0037 （-0.07）	0.0446 （0.79）	0.0048 （0.19）	0.0225 （0.39）	0.2059 *** （3.06）	-0.0382 ** （-2.06）

续表

	（1）	（2）	（3）	（4）	（5）	（6）
估计方法	OLS	FE	SYS – GMM	OLS	FE	SYS – GMM
常数项	0. 3421 *** （3. 19）	0. 889 *** （3. 96）	0. 2799 ** （2. 43）	0. 5115 ** （2. 18）	1. 7637 *** （2. 84）	0. 6084 *** （5. 43）
样本数	360	360	360	300	300	300
Prob > F	0. 0000	0. 0000	0. 0000	0. 0000	0. 0000	0. 0000
AR（1）			0. 049			0. 043
AR（2）			0. 053			0. 054
Hasen 检验			0. 279			0. 549
工具变量数			21			23

注：1. 括号中的数值是 t 统计量；

2. *** 表示在 1% 水平上显著，** 表示在 5% 水平上显著，* 表示在 10% 水平上显著；

3. lnZ_1，Gap 是内生变量，其余是外生变量；

4. OLS 是混合回归，FE 是固定效应，SYS – GMM 是系统广义矩估计；

5. 为了满足工具变量数不大于截面数及工具变量的有效性，第（3）列和第（6）列中，对内生变量分别滞后二期和一期并用了 collapse，对于因变量的一阶滞后分别用了滞后三期和两期。

综上所述，各国研发经费支出增幅顺周期变化，即研发经费支出的增长速度在经济扩张期加快，而在经济紧缩期减缓。这表明各国融资约束程度较高，其对研发投入的限制足以抵消机会成本效应对其产生的激励作用，顺周期变动的融资约束使研发活动在经济扩张期更容易获得融资，因此，研发投入顺周期变动。

4. 2　融资约束对研发投入及其周期特征的影响

融资约束是经济主体研发投入决策的重要影响因素，根据命题 2 与命题4，融资约束的存在限制了研发投入水平，融资约束程度越高，研发投入水平越低，且顺周期变动的特征越明显，因此，本节实证分析将考察融资约束对研发投入水平及其周期特征的影响。

4.2.1 研究设计

1. 计量模型的建立与指标选取

为了考察融资约束对研发投入水平及其周期特征的影响，本书将引入融资约束指标，建立如下计量模型：

$$\Delta \ln Z_{it} = \alpha + \beta_1 \ln Z_{it-1} + \beta_2 Gap_{it} + \beta_3 Credit_{it} + \beta_4 Control_{it} + \varepsilon_{it}$$
$$(4-3)$$

$$\Delta \ln Z_{it} = \alpha + \beta_1 \ln Z_{it-1} + \beta_2 Gap_{it} + \beta_3 Credit_{it} + \beta_4 Gap_{it}$$
$$\times Credit_{it} + \beta_5 Control_{it} + \varepsilon_{it} \qquad (4-4)$$

其中，$Credit_{it}$表示 i 地区 t 时期的融资约束水平，其与产出缺口的交乘项 $Gap_{it} \times Credit_{it}$用来考察融资约束对研发投入周期特征的影响，若其系数显著为负，则表明融资约束增强将提高研发投入对经济周期的反应力度，其顺周期变动的特征将更加明显[①]。ε 为随机扰动项，其他变量含义同计量模型（4-1）。

关于融资约束指标的度量方法，国内外学者做了详尽的研究。从研究对象来看，融资约束度量方法可归纳为三个层次（韩媛媛，2013）：

第一是微观层面。国内外学者从微观层面对融资约束的研究居多，通常使用股利支付率和利息保障倍数等单变量指标，以及多指标合成的财务综合状况指数衡量融资约束，当前也有许多文献利用投资对现金流的敏感程度作为融资约束的替代变量。法扎里等（1988）率先使用股利支付率衡量融资约束，发现融资约束高的企业表现出更高投资—现金流敏感程度。而卡普兰和津加莱斯（1997）对此提出质疑，他们利用公司

---

① 本章所选取融资约束指标为反向指标，其取值越低，则说明融资约束程度越高。

财务状况的合成指标度量企业融资约束程度并得出相反结论，认为现金流的增加提高了企业投资机会，投资相应增加，因此投资对现金流敏感性较高可能表现了企业对需求信号的反映。实际上，按照瓜里利亚（2008）对融资约束的分类，法扎里等（1988）使用股利支付率衡量了企业外部融资约束，而卡普兰和津加莱斯（1997）利用财务状况合成指标度量了企业内部融资约束。

第二是中观层面。通常情况下，行业的外部融资依赖程度越高，则认为该行业中企业面临融资约束程度越强。

第三是宏观层面的度量方法，学者多利用一国或地区的金融发展指数（如私人企业贷款与 GDP 的比值）间接度量融资约束。一般认为，金融发展水平越高，企业所面临的融资约束程度越低。由于本书实证研究涉及金融发展指标构建，因此，利用金融发展指数间接度量区域融资约束是不合适的。

鉴于研究需要及数据可得性，本书根据陈仲常和余翔（2007）的研究，选择科技活动经费筹集总额中金融机构贷款所占比重来度量各地区研发活动所面临的融资约束，这个指标反映了金融机构贷款对创新活动的支持程度，该比例越高则说明研发活动所面临的融资约束程度越低。由于大部分国家并没有科技活动经费筹集来源的统计，无法在国家层面构造融资约束指标，本书仅基于我国 30 个省市的面板数据来考察融资约束对研发投入及其周期特征的影响。

2. 数据说明与估计方法

各地区科技活动经费筹集总额以及其中金融机构贷款额的数据来源于《中国科技统计年鉴》，其他变量的数据均来源于《中国统计年鉴》与《中国科技统计年鉴》。由于统计口径的变化，2009 年开始，《中国科技统计年鉴》不再公布对各地区科技活动经费筹集来源的统计，因此，本节实证分析基于 1998～2008 年我国 30 个省市面板数据展开，虽然缺少近年来的数据，但是该经济规律并不会在短时间内发生较大变化，因此，时间跨度对于实证分析结果的影响比较有限。由于所选面板数据时间跨度较短，并且模型中各变量会有反向因果关系，这里依然采用动态面板数据与系统广义矩估计方法进行处理。

4.2.2 实证结果

本书使用三种方法对计量模型（4-2）与模型（4-3）进行估计，估计结果如表4-6与表4-7所示。

表4-6 融资约束变化研发投入的影响

估计方法	（1） OLS	（2） FE	（3） SYS-GMM
lnZ_1	-0.0177*** （108.36）	-0.1858*** （27.97）	-0.0488*** （53.87）
Gap	0.0041 （1.05）	0.0068* （1.84）	0.0127*** （6.44）
Credit	0.0036 （1.13）	-0.0062 （-1.63）	0.0051*** （4.03）
OPEN	0.0003 （0.93）	0.003*** （2.83）	0.0008*** （3.13）
GOV	-.0018* （-1.73）	-0.0036 （-1.45）	-0.0019*** （-2.38）
H	0.0037 （0.26）	0.0518* （1.91）	0.004 （0.64）
Year2007	-0.0099 （-0.28）	0.0796** （2.11）	-0.0046 （-0.28）
Year2008	0.009 （0.24）	0.1269*** （3.11）	0.026* （1.84）
常数项	0.4272*** （2.77）	2.0338*** （4.43）	0.0342*** （2.36）

续表

	（1）	（2）	（3）
估计方法	OLS	FE	SYS – GMM
样本数	300	300	300
Prob > F	0.0000	0.0000	0.0000
AR（1）			0.033
AR（2）			0.065
Hasen 检验			0.660
工具变量数			22

注：1. 括号中的数值是 t 统计量；

2. *** 表示在1%水平上显著，** 表示在5%水平上显著，* 表示在10%水平上显著；

3. lnZ_1，Gap 是内生变量，其余是外生变量；

4. OLS 是混合回归，FE 是固定效应，SYS – GMM 是系统广义矩估计；

5. 为了满足工具变量数不大于截面数及工具变量的有效性，第（3）列中，对内生变量滞后两期并用了 collapse，对于因变量的一阶滞后用了滞后两期。

不难看出，Hasen 检验、AR（2）检验、工具变量数与研发投入一阶滞后项的 SYS – GMM 估计值均说明各表第（3）列 SYS – GMM 估计结果是稳健可靠的，同时，加入融资约束指标及其与经济周期的交乘项后，其余各变量系数均未发生明显变化，再次证明本章估计结果的稳健性。下面根据该列估计结果进行讨论。

融资约束指标 Credit 的系数为正，且通过1%显著性水平检验，表明融资约束程度越高，研发经费支出的增幅越低，验证了理论命题2（要注意的是，科技活动经费筹集额中金融机构贷款所占比例越高，表明经济主体面临融资约束程度越低）。这个结果可以部分地解释研发投入水平的地区差异，当然，融资约束只是造成研发投入水平地区差异的诸多成因之一。随后，本书在计量模型中引入融资约束指标与经济周期指标的交互项 Gap × Credit 检验融资约束变化对研发投入周期特征的影响。根据表4 – 7第（3）列估计结果，Gap × Credit 的系数为负，且通过10%显著性水平检验，表明在经济波动幅度一定的情况下，融资约束程度越高，研发经费支出对经济周期的反应力度越大，导致其顺周期变化的特征越明显，该结论验证了命题4。需要注意的是，融资约束程度提高加大了研发投入在经济紧缩期的下降幅度，但并不一定导致其在经济扩张期的增幅更大。

表4-7　　　　　　融资约束变化对研发投入周期特征的影响

	(1)	(2)	(3)
估计方法	OLS	FE	SYS-GMM
lnZ_1	-0.017*** (108.21)	-0.1871*** (27.93)	-0.046*** (55.39)
Gap	0.0024 (-0.34)	0.0001 (0.02)	0.0191*** (3.39)
Credit	0.004 (1.23)	-0.006 (-1.56)	0.0043*** (3.43)
Gap × Credit	0.0012 (1.12)	0.0012 (1.18)	-0.0013* (-1.70)
OPEN	0.0003 (0.92)	0.003*** (2.82)	0.0007*** (3.11)
GOV	-0.0018* (-1.77)	-0.0037 (-1.50)	-0.0018** (-2.54)
H	0.004 (0.27)	0.0547** (2.00)	0.0009 (0.15)
Year2007	-0.0095 (-0.27)	0.0804*** (2.14)	-0.0025 (-0.16)
Year2008	0.0104 (0.28)	0.1289** (3.16)	0.0337** (2.47)
常数项	0.4167** (2.70)	2.0327** (4.44)	0.7865*** (3.90)

	（1）	（2）	（3）
估计方法	OLS	FE	SYS – GMM
样本数	300	300	300
Prob > F	0.0000	0.0000	0.0000
AR（1）			0.035
AR（2）			0.073
Hasen 检验			0.743
工具变量数			23

注：1. 括号中的数值是 t 统计量；
2. *** 表示在 1% 水平上显著，** 表示在 5% 水平上显著，* 表示在 10% 水平上显著；
3. $\ln Z\_1$，Gap 是内生变量，其余是外生变量；
4. OLS 是混合回归，FE 是固定效应，SYS – GMM 是系统广义矩估计；
5. 为了满足工具变量数不大于截面数及工具变量的有效性，第（3）列中，对内生变量滞后两期并用了 collapse，对于因变量的一阶滞后用了滞后两期。

4.3 本 章 小 结

本章分为两部分实证考察了各国研发投入的周期特征，以及融资约束对研发投入及其周期特征的影响。第一部分实证分析对理论命题 3 进行考察，一是利用 29 个发达国家与 26 个发展中国家 1998 ~ 2011 年的面板数据检验各国研发投入周期特征，实证结果显示，各国研发经费支出增幅顺周期变动。这表明，各国融资约束程度较高，使得机会成本效应对研发投入的影响比较有限，因研发活动在经济扩张期更容易获得融资，从而研发投入顺周期变动。研究还发现，发展中国家研发经费支出对经济周期的反应力度大于发达国家，这是因为发展中国家金融发展水平相对滞后，经济主体所面临融资约束程度更高。二是本书利用我国 30 个省区市的面板数据考察转型期中国的现实情况，同样得出研发经费支出增幅顺周期变动的结论。

　　第二部分实证分析对命题 2 与命题 4 进行了验证，即利用我国 30 个省区市面板数据验证融资约束对研发投入水平及其周期特征的影响。估计结果表明，融资约束是影响研发投入决策的重要因素，融资约束程度越高，研发投入水平越低且对经济周期的反应力度越大，即其顺周期变化的特征越明显。需要注意的是，融资约束程度提高将导致研发投入在经济紧缩期的下降幅度增大，但并不必然导致其在经济扩张期的上升幅度也更高，因为更强融资约束在加大研发投入对经济周期各阶段反应力度的同时，降低了研发投入水平，经济主体会因研发活动受负向流动性冲击而中断甚至失败的可能性过大，而不愿意在经济扩张期投入研发活动，因此，其在经济扩张期对研发投入有两个方向的作用力。后文将在本章实证分析结果的基础上考察各国研发强度的周期特征及其对不同经济周期阶段的非对称反应。

第 5 章

研发强度的周期特征及其
对经济周期的非对称反应

目前，国外关于经济周期与研发投入之间关系的研究文献较多，如沃尔德和沃伊泰克（2004）、巴利维（2007）、欧阳敏（2011a）、阿吉翁等（2010；2012），这些研究多重视研发经费支出的周期特征和成因，相应经验研究多使用发达国家总量或行业数据，结论不具有普遍性，既忽略了对研发强度周期特征的研究，也没有考虑研发强度对不同经济周期阶段可能有非对称反应，以及该非对称反应的国别差异；同时，国内学者在该领域的研究尚少。本章继续利用 29 个发达国家与 26 个发展中国家的面板数据实证考察研发强度对不同经济周期阶段的非对称反应①，解明各国研发强度的周期特征，并利用同时期我国 30 个省区市面板数据，分析我国转型期中国研发强度周期特征与其他国家的差异及成因。另外，分周期阶段考察研发强度对经济周期的非对称反应，使本书可以揭示研发投入周期行为在长期中对一国研发投入水平的影响，拓展已有研究揭示范围。本章实证分析是对命题 5 的考察以及对命题 6 的经验验证。

---

① 方红生和张军（2009）、谢攀和李静（2010）的研究均提到变量"对不同经济周期阶段的非对称反应"，这实际上是指变量在经济周期各阶段的变化方向和幅度不同。

5.1 研 究 设 计

5.1.1 计量模型的建立

命题 5 指出，研发投入顺周期变动时，研发强度将呈现出两种周期特征。为了揭示各国研发强度的周期特征及其差异，考察研发强度对不同经济周期阶段的非对称反应，本书在计量模型中引入"扩张期"与"紧缩期"两个经济周期指标，参考安德森和尼尔森（Andersen & Nielsen，2007）、方红生和张军（2009）的做法，设定如下研发强度周期性反应函数：

$$\Delta R\&D_{it} = \alpha + \beta_1 R\&D_{it-1} + \beta_2 GapE_{it} + \beta_3 GapR_{it} + \beta_4 Trend_{it} + \varepsilon_{it}$$

$$(5-1)$$

$R\&D_{it}$ 表示 i 国 t 时期的研发强度（研发经费支出占国内生产总值的比重），$GapE_{it}$ 是扩张期经济周期指标，计算方法为 $Gap_{it} \times Expansion_{it}$，其中，$Gap_{it}$ 是产出缺口（估算方法见前文），$Expansion_{it}$ 是周期阶段虚拟变量，表示经济扩张期，如果 $Gap_{it} > 0$，则 $Expansion_{it} = 1$，否则等于 0。$GapR_{it}$ 是紧缩期经济周期指标，计算方法是 $Gap_{it} \times Recession_{it}$，$Recession_{it}$ 代表经济紧缩期，如果 $Gap_{it} < 0$，则 $Recession_{it} = 1$，否则等于 0。ε_{it} 是随机误差项。研发活动具有连续性，当期研发投入和前期有较高相关性，因此计量模型中引入研发强度的一阶滞后项 $R\&D_{it-1}$ 作为解释变量。长期经济增长积累的财富是研发投入源泉，是提高研发强度的基础，从影响研发强度的因素来看，知识产权保护力度（Varsakelis，2001；Lederman & Maloney，2003；文礼朋和郭熙保，2007）、资本市场发展程度（Bebczuk，2002）、产业结构和人力资本存量（江静，2006）等因素的改善都将提高一国研发强度，诸多因素的改善与经济发展息息

相关，而长期经济增长是经济发展的重要指标，因此，本书在计量模型中加入长期经济增长指标 Trend_{it}，使用潜在经济增长率对其度量。

已有文献中，方红生和张军（2009）利用上述周期性反应函数考察了政府支出对经济周期不同阶段的非对称反应，谢攀和李静（2010）利用相同模型设定方法考察了劳动报酬对经济周期各阶段的非对称反应，但尚未有学者应用此方法考察研发强度的周期特征。近期的研究中，阿吉翁等（2012）建立类似计量模型考察长期投资（如研发投入）的周期行为，但他们在刻画经济周期时，通过计算样本期内的产出均值，将产出处于此均值之上的时期其定义为扩张期，相反时期定义为紧缩期，该定义方法有待完善。本书利用周期性反应函数考察研发强度的周期特征，弥补了已有研究的不足。

5.1.2　数据说明

考虑到数据的完整性和可获得性，实证分析中，首先，选用 1998～2011 年度 29 个发达国家和 26 个发展中国家的数据为样本，研究各国研发强度的周期特征及其对经济周期各阶段的非对称反应；其次利用公式 $\dfrac{\left(\sum_1^T R\&D_{it}\right)}{T}$（T 为样本期）计算各国样本期内平均研发强度，据此将所有样本分为高研发投入国（样本期内平均研发强度高于 2%）、中研发投入国（介于 1%～2%）与低研发投入国（低于 1%）进行对比研究；再次，利用 1998～2011 年度我国 30 个省区市面板数据（西藏由于数据缺失被除外）从整体上、分东部、中部与西部区域、分不同研发投入主体（研究与开发机构、大中型工业企业、高等学校）考察我国转型期的现实情况；最后，利用我国 28 个制造业行业数据对大中型工业企业研发强度周期特征进行检验。

三大研发投入主体中，研究与开发机构和高等院校研发强度（R&DI 和 R&DU）分别使用其研发经费内部支出占地区生产总值的比重表示；大中型工业企业研发强度（R&DC）使用其研发经费内部支出占主营业务收入的比重表示。为避免汇率波动对模型估计结果产生的影响，本章实证分析以各国本国货币为计量单位度量各项经济指标。由于计量模型中所有指标均为相对值，以本国货币作为计量单位并不影响各国数据之间的可比性。我国研究与开发机构、高等院校研发经费内部支出的数据来源于《中国科技统计年鉴》，其余指标所需数据的来源与本书第四章实证分析中所涉及的各项经济指标相同，这里不做赘述。各变量描述性统计如表 5 - 1 所示。

表 5 - 1　　　　　　　　各变量描述性统计　　　　　　单位：%

变量	变量含义	样本数	平均值	标准差	最小值	最大值
发达国家组						
R&D	研发强度	406	1.8762	0.9794	0.2209	4.4795
GapE	扩张期经济周期指标	406	0.7869	1.5256	0	12.5182
GapR	紧缩期经济周期指标	406	0.7869	1.2868	0	9.1843
Trend	长期经济增长	377	5.8409	5.5438	2.6166	49.4398
发展中国家组						
R&D	研发强度	364	0.472	0.3717	6.71e - 10	1.8381
GapE	扩张期经济周期指标	364	1.8043	3.6271	0	23.949
GapR	紧缩期经济周期指标	364	1.8043	3.0629	0	21.0516
Trend	长期经济增长	338	15.9387	9.2774	0.6817	49.4398
我国 30 个省区市						
R&D	研发强度	420	1.0969	1.0865	0.0816	7.4086
R&DI	研究与开发机构研发强度	420	0.3001	0.6055	0.0266	4.5264
R&DU	高等学校研发强度	420	0.1129	0.1253	0.0021	0.7805
R&DC	大中型工业企业研发强度	390	0.6627	0.2932	0.0501	1.9612
GapE	扩张期经济周期指标	420	1.0319	1.5814	0	13.1447
GapR	紧缩期经济周期指标	420	1.0319	1.6892	0	12.2622
Trend	长期经济增长	390	15.758	4.4985	5.7834	28.6581

注：所有变量均为相对值。
资料来源：本书计算所得。

5.1.3 估计方法

由于本章所选面板数据时间跨度相对于截面数较少，且模型中研发强度与经济周期有反向因果关系，会产生内生性问题，因此仍然采用系统广义矩估计对计量模型进行逐步回归。为保证估计结果的稳健性，仍然遵循四个原则，即确定一阶差分方程的随机误差项不存在二阶序列相关，对工具变量进行 Hansen 过度识别检验，遵循拇指规则，确保滞后项的 SYS – GMM 估计值介于混合 OLS 和固定效应估计值之间。

5.2 研发强度周期特征的国别差异

5.2.1 对发达国家与发展中国家的考察

1. 发达国家研发强度周期特征

本书使用三种方法对发达国家研发强度周期性反应函数逐步回归，估计结果如表 5 – 2 所示。根据前面的讨论，可以看出，表 5 – 2 第（3）列与第（6）列 SYS – GMM 估计结果是稳健可靠的，理由是：①Hansen 检验不能拒绝工具变量有效的原假设；②AR(2) 检验不能拒绝一阶差分方程的随机误差项中不存在二阶序列相关的原假设；③工具变量数（分别为 28 个和 29 个）不大于截面数（29 个）；④研发强度一阶滞后项的 SYS – GMM 估计值介于 OLS 估计值与 FE 估计值之间；⑤第（6）列加入长期经济增长指标后，与第（3）列相比，经济周期指标系数没有发生明显变化。下面根据第（6）列估计结果进行分析。

表 5 − 2　　　　　　　发达国家研发强度周期性反应函数估计结果

	（1）	（2）	（3）	（4）	（5）	（6）
估计方法	OLS	FE	SYS − GMM	OLS	FE	SYS − GMM
R&D_1	0. 0024 *** （164. 97）	− 0. 1051 *** （32. 02）	− 0. 0125 *** （70. 56）	− 0. 0003 *** （154. 10）	− 0. 1394 *** （29. 78）	− 0. 0142 *** （72. 81）
GapE	0. 0067 （1. 59）	0. 0073 （1. 64）	0. 0229 ** （2. 07）	0. 0074 * （1. 73）	0. 0065 （1. 46）	0. 022 ** （2. 06）
GapR	0. 0074 （1. 54）	0. 0107 ** （2. 01）	0. 0319 ** （2. 19）	0. 0074 （1. 54）	0. 0071 （1. 34）	0. 0313 ** （2. 25）
Trend				− 0. 0014 （− 1. 22）	− 0. 0064 *** （− 3. 76）	− 0. 0021 ** （− 2. 50）
Year2007	− 0. 0215 （− 0. 90）	− 0. 0157 （− 0. 67）	0. 0318 （0. 50）	− 0. 0238 （− 0. 99）	− 0. 0196 （− 0. 86）	0. 0341 （0. 55）
常数项	0. 0002 * （1. 72）	0. 0031 *** （4. 38）	0. 0001 （0. 39）	0. 004 ** （2. 10）	0. 0041 *** （5. 53）	0. 0003 （0. 75）
样本数	377	377	377	377	377	377
Prob > F	0. 000	0. 000	0. 000	0. 0000	0. 0000	0. 000
AR（1）			0. 009			
AR（2）			0. 369			0. 362
Hasen Test			0. 380			0. 385
工具变量数			28			29

注：1. 括号中的数值是 t 统计量；

2. *** 表示在1% 水平上显著，** 表示在5% 水平上显著，* 表示在10% 水平上显著；

3. R&DI_1，GapE，GapR 是内生变量，其余是外生变量；

4. OLS 是混合回归，FE 是固定效应，SYS − GMM 是系统广义矩估计；

5. 为了满足工具变量数不大于截面数及工具变量的有效性，第（3）列和第（6）列中，对内生变量滞后三期并用了 collapse，对于应变量的一阶滞后用了滞后四期。

　　估计结果显示，首先，扩张期经济周期指标 GapE 与紧缩期经济周期指标 GapR 的系数均显著为正，表明发达国家研发强度呈增长型周期特征。经济扩张期，实际产出每高于潜在产出 1 个百分点，研发强度上升 0. 022 个百分点，而经济紧缩期，实际产出每低于潜在产出 1 个百分点，研发强度上升达 0. 0313 个百分点，研发强度对经济周期各阶段均做出正向反应。其次，长期经济增长对研发强度有负向影响，即潜在产出增长率提高 1 个百分点，研发强度下降 0. 0021 个百分点。最后，考虑到样本期内发生了金融危机，本书在计量模型中加入年度虚拟变量 Year2007，考察发现，金融危机未对发达国家的研发强度产生显著影响。

2. 发展中国家研发强度周期特征

发展中国家研发强度周期性反应函数估计结果如表 5-3 所示，类似地，AR(2) 检验、Hansen 检验、滞后项 R&D_1 的 SYS-GMM 估计值及工具变量数等检验表明第（3）列和第（6）列 SYS-GMM 估计结果是稳健可靠的。下面根据第（6）列估计结果进行分析。

表 5-3　　　　　　发展中国家研发强度周期性反应函数估计结果

	（1）	（2）	（3）	（4）	（5）	（6）
估计方法	OLS	FE	SYS-GMM	OLS	FE	SYS-GMM
R&D_1	0.0083 *** (87.41)	-0.1987 *** (24.14)	0.0049 *** (21.17)	0.008 *** (87.40)	-0.1983 *** (24.12)	0.0026 *** (21.77)
GapE	-0.0043 *** (-3.41)	-0.0028 * (-1.94)	-0.0115 ** (-2.25)	-0.0038 *** (-2.72)	-0.0026 * (-1.75)	-0.0187 *** (-2.93)
GapR	0.0009 (0.58)	0.0032 ** (2.08)	0.0056 ** (2.01)	0.001 (0.66)	0.0032 ** (2.08)	0.0123 * (1.96)
Trend				-0.0054 (-1.16)	-0.0003 (-0.54)	0.0024 * (2.01)
Year2008	0.0004 * (1.94)	0.0297 * (1.70)	0.2074 ** (2.33)	0.0318 * (1.71)	0.0277 (1.55)	0.3041 *** (3.68)
常数项	0.0001 (1.10)	0.0009 (3.60)	0.0000 (-0.02)	0.0002 (1.59)	0.0009 *** (3.53)	-0.0004 * (-1.23)
样本数	338	338	338	338	338	338
Prob > F	0.0000	0.0000	0.000	0.0000	0.0000	0.000
AR(1)			0.051			0.049
AR(2)			0.825			0.442
HasenTest			0.473			0.436
工具变量数			26			27

注：1. 括号中的数值是 t 统计量；

2. *** 表示在 1% 水平上显著，** 表示在 5% 水平上显著，* 表示在 10% 水平上显著；

3. R&DI_1，GapE，GapR 是内生变量，其余是外生变量；

4. OLS 是混合回归，FE 是固定效应，SYS-GMM 是系统广义矩估计；

5. 为了减少工具变量数及工具变量的有效性，第（3）、第（6）列中，对内生变量滞后五期，对于应变量的一阶滞后用了滞后四期。

估计结果显示，扩张期经济周期指标 GapE 的系数为负，而紧缩期经济周期指标 GapR 的系数显著为正，表明发展中国家研发强度逆周期变动，同时，研发强度对不同经济周期阶段的反应有非对称特征，经济扩张期，实际产出每高于潜在产出 1 个百分点，研发强度下降达 0.0187 个百分点，经济紧缩期，实际产出每低于潜在产出一个百分点，研发强度仅上升 0.0123 个百分点，即研发强度对经济扩张的负向反应力度大于对经济紧缩的正向反应力度，两个经济周期指标系数的总和值为 −0.0065。值得注意的是，利用 HP 滤波法估算产出缺口并据此构造的扩张期经济周期指标与紧缩期经济周期指标均值相等（如表 5 − 1 所示），说明经 HP 滤波法估算得到的经济平均扩张幅度与紧缩幅度相同，基于这个前提，结合研发强度对经济扩张的负向反应力度大于其对经济紧缩正向反应力度的事实，本书认为，在长期中，持续的经济波动对发展中国家研发强度有负效应，且经济波动幅度越大，该负效应越强，由此，命题 6 获得验证。

与发达国家相比较，发展中国家金融发展程度相对较低，经济主体面临较强融资约束，持续研发投入被流动性冲击打断的可能性较高，打击了经济主体研发投入积极性，因此，经济扩张期，融资约束的暂时放松并不会导致研发投入出现较大升幅，而相反，经济紧缩期，融资约束程度升高会导致研发投入出现较大降幅，从而研发强度在经济扩张期的降低幅度会大于其在紧缩期的上升幅度。

此外，长期经济增长对发展中国家研发强度有显著的提高作用，符合理论预期。2007 年发生美国金融危机，并在一定时滞后波及其他发展中国家，这里利用 Year2008 控制金融危机的影响，计量结果表明，金融危机使得发展中国家的研发强度上升。这是因为，研发投入连续性较强，且经济主体有平滑研发投入的倾向，相比而言，宏观经济总量受金融危机的负向冲击更大。金融危机对研发强度的影响不是本书研究重点，这里不做进一步分析。

5.2.2 对不同研发投入水平国家的考察

本书注意到，在发达国家组和发展中国家组内，各国研发强度水平差异较大。如图 5 - 1 与图 5 - 2 所示，样本期内，发达国家组中，瑞典、芬兰、日本等国平均研发强度均在 2% 以上，加拿大、捷克共和国、英国等国家处于 1% ~ 2%，而波兰、斯洛伐克共和国、塞浦路斯等国平

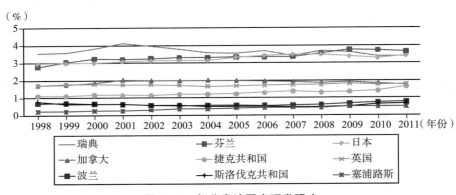

图 5 - 1 部分发达国家研发强度

资料来源：经济合作与发展组织、联合国教科文组织数据库。

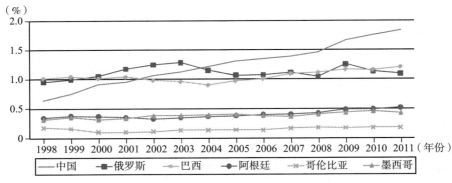

图 5 - 2 部分发展中国家研发强度

资料来源：经济合作与发展组织、联合国教科文组织数据库。

均研发强度不足 1%。同样，样本期内，在发展中国家组中，只有中国、俄罗斯和巴西的平均研发强度处于 1% ~ 2%，其余国家平均研发强度均在 1% 以下。研发投入水平差异一方面体现了一国对技术创新活动的重视程度不同，另一方面，这与一国经济发展水平和金融发展程度密切相关。

为了对研发强度周期特征的国别差异形成更清晰的认识，本书将发达国家与发展中国家样本分为高研发投入国、中研发投入国与低研发投入国，进而分别考察其研发强度周期特征的差异。这里并没有将所有样本统一重新分组，原因是：虽然部分国家研发投入水平比较接近（如加拿大、英国、中国、巴西等），但其国内经济发展水平、金融发展程度和创新体系存在较大差异，进而研发强度周期特征可能存在较大区别。鉴于此，本书在发达国家与发展中国家组内按研发投入水平差异对所有国家进行分组。

考虑到动态面板数据这种处理方法要求时间跨度小于截面数，因此，在区别研发投入水平对各国研发强度周期特征进行考察时，本书并没有利用分割面板数据的方法对计量模型分别估计，而是借鉴了方红生和张军（2009）、谢攀和李静（2010）等的处理方法，通过引入 High（高研发投入国）、Middle（中研发投入国）和 Low（低研发投入国）三个研发投入水平虚拟变量，使用其与经济周期指标相乘的形式，考察研发投入水平差异对研发强度周期特征的影响。

1. 对发达国家分组考察

按照上述方法，本书将发达国家组中所有国家分为高研发投入国、中研发投入国和低研发投入国，分别将其经济周期指标与对应的虚拟变量交乘，使用三种方法对计量模型进行回归，估计结果如表 5 - 4 所示。不难发现，AR（2）检验、Hansen 检验、滞后项 R&D_1 的 SYS - GMM 估计值均表明第（3）列 SYS - GMM 估计结果是稳健可靠的，但由于内生变量过多，工具变量数（55）大于截面数（29），这是不可避免的。在回归过程中，本书可以通过进一步增加内生变量的滞后阶数来减少工具变量数，但这会损失大量有用信息，因此，为了保证估计结果的稳健性，这里适当放松拇指规则。

表 5 – 4　　　　高、中、低研发投入国研发强度周期性反应
函数估计结果—发达国家组

	（1）	（2）	（3）
估计方法	OLS	FE	SYS – GMM
R&D_1	– 0.0094 *** （121.76）	– 0.1286 *** （29.20）	– 0.0192 *** （81.80）
GapE × High	0.0276 *** （3.39）	0.0264 *** （2.98）	0.0303 ** （2.54）
GapR × High	0.013 （1.47）	0.0167 * （1.71）	0.0664 ** （2.10）
GapE × Middle	0.0043 （0.78）	0.006 （0.93）	0.0265 *** （2.98）
GapR × Middle	0.0118 * （1.80）	0.0161 * （1.96）	0.049 *** （3.67）
GapE × Low	– 0.009 （– 0.99）	– 0.0049 （– 0.46）	0.0278 （0.95）
GapR × Low	0.004 （0.38）	0.0102 （0.81）	0.022 ** （2.30）
Year2007	– 0.0301 （– 1.17）	– 0.0231 （– 0.91）	0.0462 （0.94）
样本数	377	377	377
Prob > F	0.0000	0.0031	0.000
AR（1）			0.031
AR（2）			0.857
Hasen Test			1.000
工具变量数			55

注：1. 括号中的数值是 t 统计量；

2. *** 表示在 1% 水平上显著，** 表示在 5% 水平上显著，* 表示在 10% 水平上显著；

3. R&D_1、GapE × High、GapR × High、GapE × Middle、GapR × Middle、GapE × Low 与 GapR × Low 是内生变量，其余是外生变量；

4. OLS 是混合回归，FE 是固定效应，SYS – GMM 是系统广义矩估计；

5. 为了尽量减少工具变量数及工具变量的有效性，第（3）列中，并对内生变量滞后五期并用了 collapse，对于应变量的一阶滞后用了滞后五期。

根据第（3）列估计结果，对发达国家的研究显示，高研发投入国（样本期内平均研发强度高于2%）与中研发投入国（样本期内平均研发强度介于1%～2%）经济周期指标与研发投入水平虚拟变量交互项的系数显著为正，各国研发强度对经济周期各阶段均有正向反应，但是，经济扩张对低研发投入国研发强度没有显著影响。这表明高研发投入国与中研发投入国研发强度均呈增长型周期特征。从研发强度对经济周期各阶段的反应方向和力度看，在长期中，持续经济波动对高研发投入国、中研发投入国的研发强度均有正效应，其中，对高研发投入国研发强度的正效应更强，这是因为：高研发投入国研发强度对经济周期各阶段的正向反应力度均更大。

2. 对发展中国家分组考察

这里使用相同方法对发展中国家进行分组研究。发展中国家研发投入水平普遍较低，所有国家样本期内平均研发强度均在2%以下，本书据此将所选发展中国家分为中研发投入国（样本期内平均研发强度介于1%～2%）与低研发投入国（低于1%），分别将其经济周期指标与对应的研发投入水平虚拟变量交乘，研究研发投入水平不同的国家研发强度对经济周期各阶段做出的差别反应，估计结果如表5-5所示。

表5-5　　　　　中、低研发投入国研发强度周期性反应
函数估计结果—发展中国家组

	（1）	（2）	（3）
估计方法	OLS	FE	35SYS-GMM
R&D_1	0.0145*** (113.24)	-0.1299*** (30.26)	-0.0048*** (27.08)
GapE × Middle	-0.0018 (-0.59)	0.0033 (0.84)	-0.0166** (-2.16)
GapR × Middle	0.0049 (1.00)	0.0146** (2.39)	0.0129* (1.85)

续表

	(1)	(2)	(3)
估计方法	OLS	FE	35SYS - GMM
GapE × Low	-0.0038*** (2.93)	-0.0029* (-1.90)	-0.0215** (-3.05)
GapR × Low	0.0016 (1.22)	0.0031* (1.89)	0.0116* (1.88)
Year2008	0.0355* (1.93)	0.0284 (1.59)	0.2324* (1.81)
样本数	338	338	338
Prob > F	0.0000	0.0000	0.000
AR(1)			0.040
AR(2)			0.322
Hasen Test			0.925
工具变量数			40

注：1. 括号中的数值是 t 统计量；

2. ***表示在1%水平上显著，**表示在5%水平上显著，*表示在10%水平上显著；

3. R&D_1、GapE × Middle、GapR × Middle、GapE × Low 与 GapR × Low 是内生变量，其余是外生变量；

4. OLS 是混合回归，FE 是固定效应，SYS - GMM 是系统广义矩估计；

5. 为了尽量减少工具变量数及工具变量的有效性，第（3）列中，并对内生变量滞后五期并用了 collapse，对于应变量的一阶滞后用了滞后三期。

根据第（3）列估计结果，对发展中国家的研究显示，研发投入水平虚拟变量与扩张期经济周期指标交互项的系数显著为负，而其与紧缩期经济周期指标交互项的系数显著为正，表明发展中国家研发强度逆周期变动，与前文对发展中国家整体样本考察结果相一致；更进一步，本书发现，研发强度对不同经济周期阶段的反应存在国别差异，低研发投入国两个经济周期指标系数的总和值为 -0.0099，低于中研发投入国的 -0.0037，因此，从研发强度对经济周期各阶段的反应力度和方向看，在长期中，持续的经济波动各发展中国家研发强度有负效应，其中，对低研发投入国的负效应更强。

5.3 中国研发强度的周期特征

5.3.1 对中国整体样本的考察

本书选取中国30个省区市的面板数据再次估计上述研发强度周期性反应函数，结果如表5-6所示，相应地，Hasen检验、AR(2)检验、研发强度的一阶滞后项SYS-GMM估计值与工具变量数均说明第（3）列与第（6）列估计结果是稳健可靠的，下面根据第（6）列估计结果进行分析。

表5-6 我国研发强度周期性反应函数估计结果

	（1）	（2）	（3）	（4）	（5）	（6）
估计方法	OLS	FE	SYS - GMM	OLS	FE	SYS - GMM
R&D_1	- 0.006 *** (138.17)	- 0.1414 *** (34.98)	- 0.0069 *** (78.90)	0.0026 *** (136.35)	- 0.1578 *** (29.31)	- 0.0278 *** (92.78)
GapE	- 0.0467 *** (- 7.93)	- 0.0437 *** (- 7.23)	- 0.0516 * (- 1.99)	- 0.0439 *** (- 7.30)	- 0.0451 *** (- 7.30)	- 0.0577 ** (- 2.70)
GapR	- 0.0006 (- 0.13)	0.0016 (0.31)	0.025 *** (3.28)	- 0.00003 (- 0.01)	0.0016 (0.32)	0.017 ** (2.56)
Trend				- 0.004 ** (- 2.13)	0.0026 (1.09)	0.0235 *** (3.26)
Year2007	0.0015 (0.05)	0.0156 (0.31)	0.0532 (1.52)	0.0137 (0.46)	0.0093 (0.32)	0.0725 * (1.70)
Year2008	0.0629 ** (2.04)	0.078 *** (2.64)	0.1076 ** (2.51)	0.0716 ** (2.31)	0.074 ** (2.48)	0.1001 ** (2.50)
常数项	0.001 *** (7.35)	0.0024 *** (9.03)	0.0007 *** (2.80)	0.0015 *** (5.27)	0.0101 *** (6.48)	- 0.0009 (- 1.42)

续表

	（1）	（2）	（3）	（4）	（5）	（6）
估计方法	OLS	FE	SYS – GMM	OLS	FE	SYS – GMM
样本数	390	390	390	390	390	377
Prob > F	0.0000	0.0000	0.0000	0.0000	0.0000	0.000
AR（1）			0.035			0.032
AR（2）			0.185			0.195
Hasen 检验			0.248			0.230
工具变量数			29			30

注：1. 括号中的数值是 t 统计量；
2. *** 表示在 1% 水平上显著，** 表示在 5% 水平上显著，* 表示在 10% 水平上显著；
3. R&DI_1，GapE，GapR 是内生变量，其余是外生变量；
4. OLS 是混合回归，FE 是固定效应，SYS – GMM 是系统广义矩估计；
5. 为了减少工具变量数及工具变量的有效性，第（3）、第（6）列中，对内生变量滞后三期，对于应变量的一阶滞后分别用了滞后五期和四期。

估计结果表明，我国研发强度逆周期变动，其对经济周期各阶段有非对称反应，经济扩张期，实际产出每高于潜在产出 1 个百分点，研发强度下降 0.0577 个百分点，而在经济紧缩期，实际产出每低于潜在产出 1 个百分点，研发强度仅提高 0.017 个百分点。研发强度对经济扩张的负向反应力度大于对经济紧缩的正向反应力度，两个经济周期指标系数的总和值为 − 0.0407，表明在长期中，持续的经济波动对我国研发强度有负效应，再次验证了命题 6。如图 5 − 3 所示，本书对我国研发强度进行 HP 滤波，分离出其周期性成分，标记在左纵轴，右纵轴标记产出缺口。可以看出，2006 年我国经济上行但研发强度持续走低，而后随着经济转向下行，研发强度又逐渐升高。总体来说，除 1999 年与 2000 年，其余绝大部分年份中研发强度与经济周期反方向变动，证明本书估计结果是稳健的。

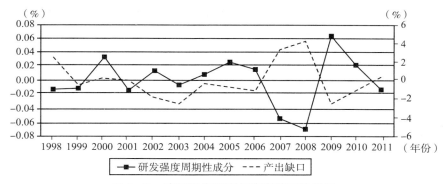

图 5 – 3　我国研发强度与产出缺口协动图

资料来源：历年《中国统计年鉴》《中国科技统计年鉴》。

估计结果还表明，长期经济增长对我国研发强度有显著正向影响，表明譬如知识产权保护力度、资本市场发展程度、产业结构和人力资本存量等外部因素改善正在发挥提高我国研发强度的重要作用。此外，我国与美国、日本等金融危机"重灾区"的经济往来密切，外部冲击迅速通过贸易、金融等渠道影响我国实体经济，因此这里采用 Year2007 和 Year2008 控制金融危机的影响。实证结果显示，金融危机使我国 2007 年与 2008 年的研发强度上升。

5.3.2　分区域考察

动态面板数据这种处理方法要求数据时间跨度小于截面数，因此本书在对三大区域研发强度周期特征进行考察时并没有使用分区域面板数据对模型分别估计，而引入东部区域（East）、中部区域（Middle）和西部区域（West）三个区域虚拟变量[①]，使用其与两个经济周期指标相乘

① 按照中华人民共和国统计局的区域划分标准，本书将我国 30 个省市自治区划分为东部、中部和西部区域，东部区域包括 11 个省市，北京、天津、河北、辽宁、上海、江苏、浙江、福建、山东、广西和海南；中部区域包括 8 个省市，山西、吉林、黑龙江、安徽、江西、河南、湖北、湖南；西部区域包括 12 个省市，四川、重庆、贵州、云南、西藏、陕西、甘肃、青海、宁夏、新疆、广西、内蒙古。

的形式，考察区域差异对研发强度周期特征产生的影响，估计结果如表
5-7 所示，下面根据第（3）列估计结果进行分析。

表 5-7　　　我国研发强度周期性反应函数估计结果：分区域考察

	（1）	（2）	（3）
回归方法	OLS	FE	SYS - GMM
R&D_1	0.0009 *** （127.78）	- 0.1239 *** （36.54）	- 0.0307 *** （57.18）
GapE × East	- 0.0607 *** （- 7.9）	- 0.0764 *** （- 9.21）	- 0.0612 ** （- 2.15）
GapR × East	0.0079 （1.2）	- 0.0076 （- 1.06）	0.0429 *** （2.84）
GapE × Middle	- 0.0311 *** （- 3.43）	- 0.0168 （- 1.62）	- 0.0372 ** （- 2.28）
GapR × Middle	- 0.0022 （- 0.27）	0.0105 （1.06）	0.0217 ** （2.27）
GapE × West	- 0.0393 *** （- 4.08）	- 0.0115 （- 1.00）	- 0.0702 ** （- 2.53）
GapR × West	- 0.0113 （- 1.54）	0.0104 （1.20）	0.0225 * （1.80）
Year2007	0.0031 （0.11）	0.0186 （0.68）	0.0876 ** （2.24）
Year2008	0.0528 * （1.72）	0.0522 * （1.80）	0.1209 *** （3.04）
常数项	0.001 *** （6.99）	0.0022 *** （8.22）	0.001 *** （3.25）
样本数	390	390	390
Prob > F	0.0000	0.0000	0.0000
AR(1)			0.027
AR(2)			0.088

续表

	（1）	（2）	（3）
回归方法	OLS	FE	SYS - GMM
Hasen 检验			0.994
工具变量数			57

注：1. 括号中的数值是 t 统计量；

2. ***、** 和 * 分别表示在 1%、5% 和 10% 水平上显著；

3. R&DI_1、GapE × East、GapR × East、GapE × Middle、GapR × Middle、GapE × West、GapR × West 是内生变量，其余是外生变量；

4. OLS 是混合回归，FE 是固定效应，SYS - GMM 是系统广义矩估计；

5. 为尽量减少工具变量数并满足工具变量有效性，第（3）列，本书对内生变量滞后五期并用了 collapse，对于因变量的一阶滞后用了滞后一期。

估计结果表明，区域虚拟变量与扩张期经济周期指标交乘项的系数均显著为负，而其与紧缩期经济周期指标交乘项的系数均显著为正，表明我国各区域研发强度逆周期变动。第一，从经济周期各阶段来看，一是东部和西部区域研发强度对经济扩张的负向反应力度远远高于中部区域；二是相对于西部和中部区域，东部区域研发强度对经济紧缩的正向反应力度相对有限。第二，各区域研发强度对不同经济周期阶段有非对称反应，与利用我国 30 个省区市整体面板数据的估计结果相同（如表 5 - 6 所示），研发强度对经济扩张的负向反应力度大于其对经济紧缩的正向反应力度，东部、中部和西部区域两个经济周期指标系数的总和值分别为 - 0.0183、- 0.0155 与 - 0.0477，表明在长期中，持续的经济波动对各区域研发强度均有负效应，其中，对西部区域研发强度的负效应最强，这是各区域经济主体面临融资约束程度差异可以解释的结果。

5.3.3　分不同研发投入主体考察

根据《中国科技统计年鉴》的说明，我国三大研发投入主体，即研究与开发机构、高等学校与大中型工业企业，是国家创新体系的重要组成部分。在三大研发投入主体中，企业是创新主体，其创新活动是外部因素驱动下的经济行为，创新目的是实现利润最大化，高等院校为特定领域技术创新提供知识支持，而在研究与开发机构中，政府行为占主导地位，其创新活动旨在开发适用性较高的知识与技术，创新项目集中在基础性、前沿性与战略性领域。三大主体研发投入驱动因素、资金来源、获得政府支持程度与面临融资约束水平均存在较大差异，因此其研发强度周期特征也理应不同。接下来的内容将考察研究与开发机构研发强度（独立开发机构研发经费支出占 GDP 比重）、高等学校研发强度（高等学校研发经费支出占 GDP 比重）与大中型工业企业研发强度（大中型工业企业研发经费支出占其主营业务收入比重）周期特征存在的差异。计量模型估计结果如表 5 – 8 ～ 表 5 – 10 所示，不难看出，各表第（3）列估计结果均是稳健可靠的。

表 5 –8　　　　　我国研发强度周期性反应函数估计
结果—对研究与开发机构的考察

估计方法	(1) OLS	(2) FE	(3) SYS – GMM
R&DI_1	− 0.0429 *** (127.74)	− 0.3052 *** (20.72)	− 0.1018 *** (98.9)
GapE	− 0.0179 *** (− 5.20)	− 0.018 *** (− 5.19)	− 0.0166 * (− 1.84)
GapR	0.0028 (0.98)	0.0039 (1.36)	0.0074 *** (2.44)
Year2007	0.0002814 (1.62)	0.0165 (0.99)	0.0376 ** (2.07)
Year2008	0.0429 ** (2.37)	0.0331 * (1.91)	0.0482 ** (1.97)
常数项	0.0154 ** (2.17)	0.001 *** (7.87)	− 0.0001 (− 1.10)

续表

	（1）	（2）	（3）
估计方法	OLS	FE	SYS – GMM
样本数	390	390	390
Prob > F	0.0000	0.0000	0.0000
AR（1）			0.038
AR（2）			0.403
Hasen 检验			0.468
工具变量数			29

注：1. 括号中的数值是 t 统计量；

2. ＊＊＊表示在 1% 水平上显著，＊＊表示在 5% 水平上显著，＊表示在 10% 水平上显著；

3. R&DI_1，GapE，GapR 是内生变量，其余是外生变量；

4. OLS 是混合回归，FE 是固定效应，SYS – GMM 是系统广义矩估计；

5. 为了减少工具变量数及工具变量的有效性，第（3）列中，对内生变量滞后三期，对于应变量的一阶滞后分别用了滞后五期。

表 5 – 9　　研发强度周期性反应函数估计结果—对高等学校的考察

	（1）	（2）	（3）
估计方法	OLS	FE	SYS – GMM
R&DU_1	− 0.0001 ＊＊＊ （85.71）	− 0.259 ＊＊＊ （19.73）	− 0.0052 ＊＊＊ （12.95）
GapE	− 0.0038 ＊＊＊ （− 3.05）	− 0.0032 ＊＊＊ （− 2.92）	− 0.0073 ＊＊＊ （− 2.59）
GapR	0.0004 （− 0.43）	0.0003 （0.37）	0.0032 ＊ （1.89）
Year2007	− 0.0091 ＊ （− 1.66）	− 0.0055 （− 1.05）	− 0.0025 （− 0.43）
Year2008	0.0076 （1.33）	0.0092 ＊ （1.68）	0.0228 ＊＊＊ （3.61）
常数项	0.0001 ＊＊＊ （3.9）	0.0004 ＊＊＊ （8.25）	0.0001 （1.09）
样本数	390	390	390
Prob > F	0.0000	0.0000	0.0000

续表

	（1）	（2）	（3）
估计方法	OLS	FE	SYS – GMM
AR（1）			0.011
AR（2）			0.117
Hasen 检验			0.369
工具变量数			29

注：1. 括号中的数值是 t 统计量；

2. *** 表示在 1% 水平上显著，** 表示在 5% 水平上显著，* 表示在 10% 水平上显著；

3. R&DU_1，GapE，GapR 是内生变量，其余是外生变量；

4. OLS 是混合回归，FE 是固定效应，SYS – GMM 是系统广义矩估计；

5. 为了减少工具变量数及工具变量的有效性，第（3）列中，对内生变量滞后三期，对于应变量的一阶滞后分别用了滞后五期。

表 5 – 10　　　　　研发强度周期性反应函数估计
结果——对大中型工业企业的考察

	（1）	（2）	（3）
估计方法	OLS	FE	SYS – GMM
R&DC_1	− 0.231 *** （22.65）	− 0.5907 *** （8.34）	− 0.4263 *** （6.91）
GapE	− 0.0186 *** （− 2.66）	− 0.0216 *** （− 3.15）	− 0.0533 *** （− 3.72）
GapR	0.0027 （0.45）	0.0061 （1.02）	0.0308 ** （2.17）
Year2007	0.0058 （0.16）	0.0266 （0.8）	0.0873 *** （3.44）
Year2008	0.3335 *** （9.99）	0.2692 *** （8.26）	0.0875 *** （3.19）
常数项	0.0019 *** （7.03）	0.0027 *** （8.26）	0.0029 *** （3.45）
样本数	360	360	360
Prob > F	0.0000	0.0000	0.0000
AR（1）			0.000

续表

	（1）	（2）	（3）
估计方法	OLS	FE	SYS – GMM
AR（2）			0.530
Hasen 检验			0.275
工具变量数			30

注：1. 括号中的数值是 t 统计量；

2. ∗∗∗ 表示在1%水平上显著，∗∗ 表示在5%水平上显著，∗ 表示在10%水平上显著；

3. R&DC_1，GapE，GapR 是内生变量，其余是外生变量；

4. OLS 是混合回归，FE 是固定效应，SYS – GMM 是系统广义矩估计；

5. 为了减少工具变量数及工具变量的有效性，第（3）列中，对内生变量滞后三期，对于应变量的一阶滞后分别用了滞后三期。

估计结果表明，首先，我国研究与开发机构和高等学校的研发强度均逆周期变动，且研发强度对经济周期各阶段有非对称反应，两个经济周期指标系数的总和值分别为 – 0.0092 与 – 0.0041，表明在长期中，持续经济波动对我国研究与开发机构和高等学校的研发强度有负效应。其次，与我国总体样本（表5 – 6）估计结果相比较，研究与开发机构和高等学校研发强度对经济周期各阶段的反应力度较小。最后，我国大中型工业企业研发强度同样逆周期变动，但与其他研发投入主体不同的是，大中型工业企业研发强度对经济周期各阶段的反应力度更大，两个经济周期指标系数的总和值为 – 0.0225，这表明，一方面，在长期中，持续的经济波动对大中型工业企业研发强度有较大负效应，另一方面，经济周期我国研发强度的负效应主要来源于其对大中型工业企业研发强度的负向影响。

5.3.4　基于行业面板数据的考察

1. 数据说明

这里利用我国28个行业大中型工业企业的面板数据再次考察研发

强度周期特征。一般情况下，为得到稳健的估计结果，学者通常采取调整样本、替代核心变量或选用不同计量方法等方式重新估计计量模型。根据研究需要，本书了调整样本数据结构，选取 2001～2010 年度①中国 28 个制造业行业面板数据代替前文 30 个省市面板数据，并改变核心变量度量方法，构造工业经济周期指标，继而重新估计计量模型（5-1）。

　　根据杜婷（2007）等学者的研究，工业总产值表现出很强的顺周期性，与 GDP 序列是一致性指标。本书分别对我国 2001～2010 年工业总产值和 GDP 进行 HP 滤波（平滑参数取值 6.25），如图 5-4 所示，左纵轴标记我国工业总产值的产出缺口，右纵轴标记我国 GDP 的产出缺口。可以发现，大中型工业企业总产值的波动性成分与 GDP 的波动性成分同方向变动，且两者协动性较强。鉴于此，本书选择大中型工业企业工业总产值作为 GDP 的替代指标，构造工业经济周期指标，对上文估计结果进行稳健性检验。各变量描述性统计如表 5-11 所示。

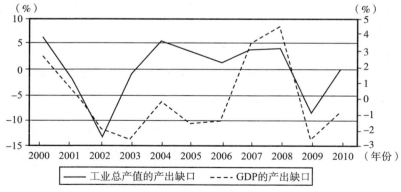

图 5-4　我国工业总产值产出缺口与 GDP 产出缺口协动

资料来源：历年《中国统计年鉴》。

---

① 《中国科技统计年鉴》对各行业研发经费内部支出的统计期间为 2001～2010 年。

表 5 - 11　　　各变量描述性统计——我国 28 个工业行业的面板数据　　　单位：%

变量	样本数	平均值	标准差	最小值	最大值
28 个制造业行业					
R&DCom	280	0.7665	0.4744	0.0639	2.3315
GapE	280	2.6804	4.1566	0	32.488
GapR	280	2.6804	5.4842	0	47.1077

2. 实证结果

稳健性检验结果如表 5 - 12 所示，不难发现，第（3）列 SYS - GMM 估计结果是稳健可靠的，下面根据该列估计结果来讨论。

估计结果表明，大中型工业企业研发强度对工业经济周期各阶段有非对称反应，经济扩张期，实际工业产出高于潜在产出 1 个百分点，研发强度下降 0.0197 个百分点；而在经济紧缩期，实际工业产出低于潜在产出 1 个百分点，研发强度上升 0.0069 个百分点，研发强度对经济扩张期的负向反应力度仍然大于其对紧缩期的正向反应力度，在长期中，持续的经济波动对各行业研发强度有显著负效应。该估计结果与利用我国 30 个省区市面板数据对研发强度周期性反应函数的估计结果相比较，各变量系数变化不大，再次证实本书的估计结果是稳健可靠的。

表 5 - 12　　　　　大中型工业企业研发强度周期性反应函数

估计结果——基于行业面板数据的考察

	（1）	（2）	（3）
估计方法	OLS	FE	SYS - GMM
R&DCom_1	- 0.0237 *** （53.19）	- 0.401 *** （11.95）	- 0.1268 *** （11.7）
GapE	- 0.0031 （ - 1.29）	- 0.0053 ** （ - 2.23）	- 0.0197 *** （ - 3.02）

续表

	（1）	（2）	（3）
估计方法	OLS	FE	SYS – GMM
GapR	0.0056 *** （3.47）	0.0057 *** （3.69）	0.0069 ** （2.06）
Year2007	0.0599 ** （2.13）	0.0763 *** （2.99）	0.0958 *** （2.79）
Year2008	0.0569 ** （2.01）	0.0573 ** （2.24）	0.0977 *** （2.74）
常数项	0.0002 （0.99）	0.001 ** （2.21）	0.0012 ** （2.09）
样本数	252	252	252
Prob > F	0.0000	0.0000	0.0000
AR（1）			0.002
AR（2）			0.307
Hasen 检验			0.321
工具变量数			22

注：1. 括号中的数值是 t 统计量；
2. *** 、 ** 、 * 表示在 1%、5%、10% 水平上显著；
3. $R\&D_{Com}\_1$, GapE，GapR 是内生变量，其余是外生变量；
4. OLS 是混合回归，FE 是固定效应，SYS – GMM 是系统广义矩估计；
5. 为了减少工具变量数及工具变量的有效性，第（3）列中，对内生变量滞后两期，对于应变量的一阶滞后分别用了滞后三期。

5.4 估计结果的讨论：金融发展视角

本章实证检验涉及样本较多，为了对各国研发强度周期特征形成更深入、清晰的认识，本节内容将对各估计结果进行比较与讨论，揭示各国研发强度周期特征的差异及成因。

5.4.1 对发达国家与发展中国家估计结果的讨论

各国研发强度周期性反应函数的估计结果显示，首先，发达国家研发强度呈增长型周期特征，而发展中国家研发强度逆周期变动，结合各国研发经费支出增幅顺周期变动的事实说明，经济扩张期，融资约束暂时放松，发达国家研发经费支出的提高幅度大于宏观经济扩张幅度，研发强度上升，而发展中国家研发经费支出的提高幅度小于宏观经济扩张幅度，研发强度降低，即在经济扩张期，发达国家研发经费支出的提高幅度大于发展中国家。这是因为，研发活动面临较大的调整成本，且需要持续稳定的投入，资金不足将导致研发活动终止或者失败。发展中国家金融发展水平相对于发达国家较低，持续投资被流动性冲击打断的可能性较大（Aghion et al.，2010），打击了经济主体研发活动投入积极性，经济扩张期融资约束的暂时放松并不会导致发展中国家研发投入出现较大升幅。这个估计结果也表明，虽然更高的融资约束会加强研发投入对经济周期的反应力度，但并不必然导致研发投入在经济扩张期的上升幅度更大，发展中国家融资约束程度更高，研发投入在经济扩张期的上升幅度反而小于发达国家，即可对此证明。

其次，经济紧缩期，融资约束程度暂时提高，各国研发经费支出的增幅下降，而下降幅度均小于经济紧缩幅度，导致研发强度上升，其中，发达国家因为较高的金融发展水平从而研发经费支出的增幅降低相对较少。此外，在长期中，持续的经济波动对发达国家研发强度有正效应，而对发展中国家研发强度有显著负效应，该差异主要源于各国金融发展水平及经济主体所面临融资约束程度的不同。

最后，对研发投入水平不同的国家研究发现，在发达国家组中，高研发投入国和中研发投入国研发强度呈增长型周期特征，比较各国研发强度对经济周期各阶段的反应力度可知，经济扩张期，融资约束的暂时放松对高研发投入国研发经费支出的提高作用较大，导致其研发强度出现大幅上升，但对低研发投入国研发经费支出的提高作用有限，导致研发强度对经济扩张不敏感；经济紧缩期，融资约束程度暂时提高，高研发投入国因其发达的金融市场而受到融资约束程度相对较低，研发经费支出增幅只发生小幅下降，因此研发强度有较大升幅，低研发投入国则相反。总体来说，金融发展水平的差异，使各国研发经费支出对经济周期各阶段的反应力度存在差异，导致研发强度对经济周期各阶段的反应方向和力度不同，最终形成了研发投入周期行为的长期经济效应差异：持续的经济波动对高研发投入国研发强度的正效应强于中研发投入国。

在发展中国家组中，各国研发强度均呈逆周期变动的特征，与中研发投入国相比，低研发投入国金融发展水平更低，经济主体面临更强融资约束，研发活动受流动性冲击而中断甚至失败的可能性更大，即使经济扩张期融资约束放松，经济主体仍不愿大幅增加研发投入，因此，低研发投入国研发经费支出在经济扩张期的增幅更小，导致研发强度在经济扩张期的下降幅度更大，同时，这也导致研发强度在经济紧缩期的上升幅度更小，从而在长期中，持续的经济波动对低研发投入国研发强度的负效应（相对于中研发投入国）更强。需要注意的是，在发达国家组和发展中国家组中，虽然中研发投入国之间研发投入水平相近，但各自研发强度周期特征却存在明显差异，如发达国家组中的中研发投入国研发强度呈增长型周期特征，而发展中国家组中的中研发投入国研发强度逆经济周期变化。这主要是各国经济发展水平、金融发展程度、进而经济主体所面临融资约束程度不同导致的结果。

随着长期经济增长，影响研发强度的诸多因素随之改善，因此，长期经济增长应提高研发强度，但本书的实证分析却得出了相反的结论。图5-5是所选29个发达国家研发强度与长期经济增长的散点图，可以看出，两者之间负相关，支持本书的实证结果。图5-6是所选55个国家研发经费支出增长率与长期经济增长的散点图，两者正相关，即潜在经济增长率越高，研发经费支出增长率越高。可以判断，随着长期经济增长，发达国家研发经费支出增加，但增加速度低于经济长期增长速度，从而长期经济增长对研发强度产生负向影响，发展中国家相反，其研发经费增加速度高于经济长期增长速度。总体上，长期经济增长对发展中国家研发经费支出的提高作用大于发达国家。

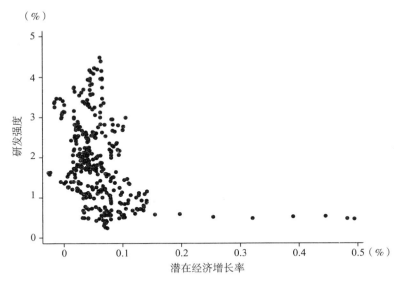

图5-5　发达国家研发强度与长期经济增长

资料来源：经济合作与发展组织、联合国教科文组织数据库。

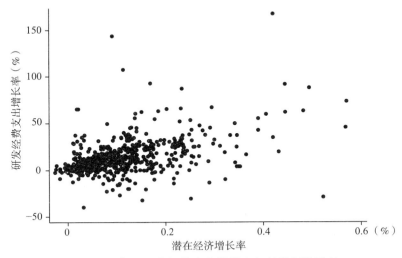

图5-6　各国研发经费支出增长率与长期经济增长

资料来源：经济合作与发展组织、联合国教科文组织数据库。

5.4.2 对我国研发强度周期性反应函数估计结果的讨论

我国研发强度逆周期变动，与发达国家相比，我国研发强度对经济扩张有负向反应，而发达国家研发强度对经济扩张有正向反应，表明在经济扩张期，融资约束的暂时放松对我国研发经费支出的提高作用相对较小，这是两方面原因所导致的结果：第一，我国金融发展水平较发达国家更低，研发主体面临更高融资约束，持续投资被流动性冲击打断的可能性较高，降低了经济主体投入研发活动的积极性。第二，我国传统产业占主导地位，研发强度较高的高新技术产业占比较低[①]，以至于我国整体研发投入倾向不高。此外，我国研发强度对经济紧缩做出的正向反应力度较发达国家更小，表明经济紧缩期我国融资约束程度更高，使研发经费支出增幅产生较大下降。

研究还发现，持续的经济波动对研发强度有负效应，主要原因是我国金融发展相对滞后，金融体系不能为研发活动提供有效融资支持，导致其在遭受现金流冲击时投资中断或项目失败的概率较高，弱化经济主体创新积极性，因此，经济扩张期融资约束的暂时放松并不能激励经济主体大幅增加研发投入，但经济紧缩期融资约束束紧会迫使其大幅减少研发投入，这使得研发强度对经济扩张产生过大负向反应，而对经济紧缩的正向反应较弱。

与其他发展中国家相比，我国研发强度对经济扩张的负向反应力度更大，这可能是因为我国创新体系的构建以政府为主导，创新政策推动研发而非需求拉动（孙玉涛和苏敬勤，2012），这一因素削弱了研发经费支出对经济因素的反应力度，进而导致持续的经济波动对我国研发强度产生更大负效应，同时，在粗放型经济增长方式下，过度投资加大我国宏观经济波动幅度，这会进一步放大该负效应。

[①] 2010 年我国高新技术产业产值占 GDP 的比重仅为 18.6%。

　　对我国各区域的研究结果表明，研发强度对不同经济周期阶段的反应有非对称特征。从经济周期各阶段来看，第一，经济扩张期，因东部和西部区域研发经费支出增幅较小，使其研发强度出现较大降幅，原因是：东部区域投资机会较多，经济增长较快时，企业为追求更大短期利益倾向于将资金投入生产活动而表现出机会成本效应的特征，同时，西部区域因融资约束程度较高，经济主体不会因融资约束的暂时放松而大幅提高研发投入。第二，经济紧缩期，东部区域因其相对发达的金融市场而面临融资约束程度相对较低，研发经费支出增幅仅出现小幅下降，从而研发强度有较大幅度上升，中部和西部区域相反。

　　从研发强度对经济周期各阶段的反应方向和力度看，在长期中，持续的经济波动对中国各区域研发强度有负效应，该负效应在西部区域最强，而在东部区域最弱，这是区域金融发展水平差异的结果。我国东部区域现已基本建立了较为完善、发达的金融体系，而西部区域金融发展仍然落后，经济主体面临较强融资约束。区域金融发展水平越低，持续研发投入被流动性冲击打断导致项目失败的概率越高，导致经济主体在经济扩张期投入研发活动的积极性越差，且在经济紧缩期更易陷入融资困难，从而持续经济波动对研发强度的负效应力度也越大。

　　对三大研发主体的研究表明，大中型工业企业研发强度对经济周期各阶段的反应力度远远大于研究与开发机构和高等学校，这是因为研究与开发机构和高等学校的研发经费主要来源是政府资金，其研发投入决策受经济因素影响较小。如图5-7与图5-8所示，2009~2011年，研究与开发机构研发经费支出总量中政府资金比重分别达到85.3%、87.37%与84.65%，高等学校研发经费支出总量中政府资金比重分别为56.01%、60.08%与58.81%，其他资金来源所占比例相对较小。相反，大中型工业企业研发经费支出主要来源为企业资金，研发投入受经营状况、融资约束等经济因素的影响较大，而这些因素与经济周期密切相关，导致其研发强度对经济周期的反应力度增大。如图 5 - 9 所示，2010 年，我国大中型工业企业中 93.62% 的研发经费来源于企业自有资金，政府资金仅占到 4.36%。

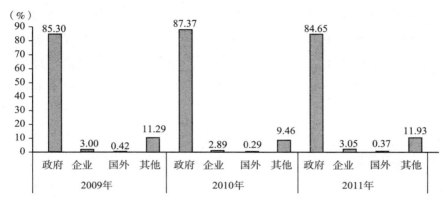

图 5 - 7　研究与开发机构研发经费支出来源统计

资料来源：2010 年、2011 年与 2012 年《中国科技统计年鉴》。

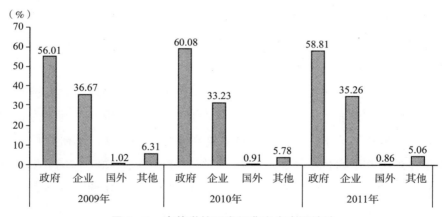

图 5 - 8　高等学校研发经费支出来源统计

资料来源：2010 年、2011 年与 2012 年《中国科技统计年鉴》。

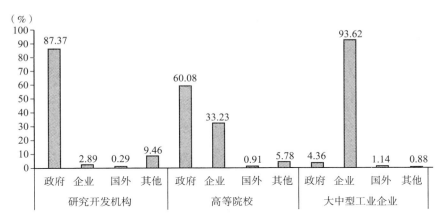

图 5－9　2010 年三大研发主体研发经费支出来源统计

资料来源：2011 年《中国科技统计年鉴》。

5.5　本 章 小 结

本章利用 29 个发达国家、26 个发展中国家以及我国 30 个省区市的面板数据考察研发强度对不同经济周期阶段的非对称反应，揭示各国研发强度的周期特征、差异及成因。实证结果表明：

第一，发达国家研发强度呈增长型周期特征，而发展中国家研发强度逆周期变动，这是因为，发展中国家金融发展程度较低，经济主体面临较强融资约束，经济扩张期，融资约束暂时放松，发展中国家研发经费支出的增加幅度小于经济扩张幅度，而发达国家相反。另外，各国研发强度对不同经济周期阶段的反应是非对称的，在长期中，持续的经济波动对发达国家研发强度有正效应，而对发展中国家研发强度有显著负效应，这个差异源于各国融资约束水平的不同。

第二，研发投入水平不同的国家，研发强度周期特征存在较大差异。发达国家组中，高研发投入国和中研发投入国研发强度呈增长型周期特征，在长期中，持续的经济波动对高研发投入国研发强度的正效应大于中研发投入国；在发展中国家组，中、低研发投入国研发强度均逆周期变动，在长期中，持续的经济波动对低研发投入国研发强度的负效应大于中研发投入国，表明一国融资约束程度越高，持续经济波动对研发强度的负效应越强。

第三，转型期中国的现实情况表明：研发强度逆周期变动，其对经济扩张的负向反应力度大于对经济紧缩的正向反应力度，在长期中，持续的经济波动对研发强度有负效应，不利于提高研发强度，其中，该负效应在西部区域更强。原因是，西部区域金融发展水平较其他区域更低，经济主体面临较高融资约束。对不同研发主体考察发现：持续的经济波动对大中型工业企业研发强度有较大的负效应，而对研究与开发机构和高等学校研发强度的影响很小；持续经济波动对我国研发强度的负效应主要来源于其对大中型工业企业研发强度的负向影响。

第6章

金融发展视角下我国研发
强度的稳提升路径

我国金融发展水平较低，经济主体面临较强融资约束，导致持续的经济波动对我国研发强度有负效应，且该负效应强于其他发展中国家。近年来，受外部冲击频发及国家各项经济刺激计划的影响，我国经济周期持续大起大落且波动性日益增强（张同斌和高铁梅，2015），这通过上述负效应对研发强度的稳提升形成了极大阻碍。当前，我国正处于创新驱动发展战略的深入实施阶段，不断提高研发强度是增强自主创新能力、强化长期经济增长动力的前提要求和根本保障（解维敏和方红星，2011；徐思远和洪占卿，2016）。在此背景下，如何有效规避经济周期波动对提高研发强度形成的阻碍，促进研发强度稳提升是创新驱动发展战略实施过程中亟待解决的重点问题。

目前，金融发展对融资约束的缓解作用已被国内外研究反复证实，其将通过降低信息不对称程度及拓宽融资渠道等途径提高经济主体外部资金可得性，加强金融体系对研发活动的融资支持（解维敏和方红星，2011；徐圆和赵莲莲，2015），继而可改变研发强度对经济周期的反应，因此，金融发展是规避上述负效应的关键。然而，大量研究表明，金融发展虽可增加外部资金供给，但经济主体在经济周期各阶段面临不同宏观经济环境，并据此将有限金融资源在研发活动与其他投资活动（如固定资产投资）间进行配置（Walde，2002；程惠芳等，2015），金融发展虽可增加经济主体外部融资可得性，但并不必然引导所有资金流入研发活动，经济主体外部融资所得资金的用途取决于自身决策，而该决策与宏观经济环境密切相关，最终使得金融发展对研发活动的融资支持作用及对研发投入的促进作用可能存在阶段性差异。鉴于此，为有效发挥该融资支持作用、规避经济波动对研发强度所产生的负效应，进而促进研发强度持续稳定提升，本章将区分经济周期阶段研究金融发展对研发强度周期特征的影响，借此从金融发展视角揭示研发强度的稳提升路径。

本章具体内容安排如下：一是阐释和归纳中国渐进式金融改革、金融发展的历程与特征。二是联系该特征合理选取指标，分周期阶段研究金融发展对我国研发强度周期特征的影响，验证命题7、命题8与命题9。

6.1　我国金融发展的历程与特征

我国金融发展是金融规模不断扩张、金融结构不断优化、金融功能不断扩充、完善、进而促进金融效率提升的动态过程。改革开放前，我国金融体系处于停滞僵化状态，银行的功能仅停留在出纳与结算。1978年以后，我国开始建立面向市场经济的金融体系，在30多年的改革与发展过程中，金融规模不断扩大、金融机构和金融行业从业人员不断增加，金融市场化、证券化程度不断提高，形成了以中国人民银行为主体，政策性银行和商业银行相分离、国有商业银行、地方商业银行、外资银行、非银行金融机构以及民间非正规金融机构在内的多种金融机构并存与分工协作的现代金融体系。1990年，我国开始建设证券市场，此后企业直接融资途径从无到有，上市公司数量在不断增加，从最初的10家增加到2013年初的2 489家。虽然我国金融改革与发展取得了诸多重大成就，但是相对于其他经济领域，金融体系发展程度仍然相对滞后，金融功能较弱，区域之间发展也不平衡，整个金融体系仍处于完善功能和市场化改革的进程中。

6.1.1　我国金融体制的改革历程

我国金融改革始于改革开放，在此之前，金融体系长期服务于重工业优先发展战略。当时，我国是资本稀缺的农业国，若利用市场机制配置资本则会形成高昂的资本价格，而重工业投资周期长、风险大，单单依靠市场机制，重工业优先发展战略会落空（林毅夫，1999）。为实现该战略目标，国家垄断金融体系，实行单一的国有银行制度和高度集中的计划管理体制，人为压低利率和汇率以降低资本价格，扶持重工业投资，这导致了金融抑制现象的出现。在这种情况下，金融市场实质上并不存在，资源配置由政府利用行政手段完成，金融制度服务国家经济计划，银行服务于国有企业。当时，中国人民银行作为中央银行，是唯一获准经营商业银行业务的金融机构，是全国货币发行中心、信贷中心和结算中心。计划金融体制为我国重工业优先发展提供了足够资金支持的同时，造成了稀缺资本低效率配置。改革开放以后，随着经济体制转轨，我国在计划金融体制的基础上开始了金融制度改革，经历了1979～1984年间的起步阶段、1985～1996年间的探索阶段与1997年至今的深化阶段。

1. 金融改革起步阶段（1979～1983年）

金融改革起步之初，我国金融体系仅由中国人民银行和农村信用合作社组成，前者是我国唯一的国有银行，既负责货币发行，又经营商业银行业务，社会中仅存单一银行信用，商业信用被取缔，金融抑制现象严重。1978年，十一届三中全会审议通过《中共中央关于加快农业发展若干问题的决定（草案）》，提出为实现农业现代化，要求农业贷款到1985年翻一倍的目标，并于1979年2月恢复中国农业银行领导农村信用合作社，服务农村金融。同年3月，国务院又批准了《关于改革中国银行体制的请示报告》，分设中国银行专门负责国家外汇业务。1981年，国家恢复自1958年就停止了的国债发行。到了1983年9月，国务院出台《国务院关于中国人民银行专门行使中央银行职能的决定》，决定由中国人民银行专门行使中央银行职能，制定、实施货币政策，剥离工商信贷和储蓄业务，集中力量研究和做好全国宏观金融决策，加强信贷资金管理，保持货币稳定；同时，我国成立中国工商银行，承担原由中国人民银行办理的工商信贷和储蓄业务，而建设银行集中精力办理基本建设和结合基本建设进行的大型技术改造的拨款与贷款①。这个阶段的金融改革实现了金融结构多元化，中央银行与商业银行分离，各专门银行业务分工明确、相互协调以促进经济发展的格局。

2. 金融改革探索阶段（1984～1996年）

在金融改革的探索阶段，我国金融制度面向市场经济不断改进，金融机构种类、数量不断增多。在此期间，第一，保险业得以恢复和发展。我国政府于1984年从中国人民银行中分设中国人民保险公司，经营保险和再保险业务，并向同行业其他保险机构提供咨询服务。1988年，我国成立中国太平洋保险公司、中国平安保险公司以及多家区域性保险公司，促进保险业经营主体多元化发展。第二，我国银行体系不断完善。在1986～1992年间，国务院恢复了交通银行，先后成立了邮政储汇局、中信实业银行、中国光大银行、华夏银行以及多家区域性银行，如广东发展银行、上海浦东发展银行等。1994年，我国组建国家开发银行、中国进出口银行和中国农业发展银行等政策性银行，资金来自于财政拨款和金融债券发行，旨在为国家产业政策提供金融支持。其中，前者为国家重点建设项目办理贷款贴息业务，中国进出口银行为进出口大型机电成套设备办理信贷业务，后者为国家粮棉油储备、农产品收购、农业开发提供政策性贷款，并负责财政支农资金的配置与监督。

---

① 资料来源：《国务院关于中国人民银行专门行使中央银行职能的决定》（1983年颁布）。

总体来说，金融改革的探索阶段，我国信贷市场表现出行政寡头垄断的特征，四大国有银行在银行体系中的相对规模大，市场集中度高，据高桂珍（2005）的研究，1995 年，我国前五家商业银行集中度高达到 70.6%，高出同时期美国、日本和德国 13%、27% 和 17% 的水平，同时，金融市场结构属于极高寡占型，行政性垄断色彩强，政府在金融市场准入、资金价格、机构业务范围、金融监管等方面管理严格，导致了当时过低的资产利润率。

此外，在这个阶段，我国股票市场也得以建立和快速发展。1986 年，中国第一家股票交易平台——上海静安证券营业部成立，1990 年和 1991 年，上海证券交易所与深圳证券交易所相继成立，1992 年 10 月，国务院证券委员会和中国证券监督管理委员会宣告成立，形成了证券市场的统一监管体制。到了 1997 年，我国上市公司数量达 745 家，共计筹资 1 325 亿元，上市公司股本达 1 771 亿元，市值为 17 529 亿元，占 GDP 比重为 23.4%[①]，这均表明证券市场在我国国民经济中的地位不断提高。此外，信托业发展也比较迅速，1979 年，我国第一家信托投资公司——中国国际信托投资公司宣告成立，标志着信托业的重新崛起，到 1988 年，全国共有信托投资公司 1 000 多家（赵晓力，2007）。

3. 金融改革深化阶段（1997 年至今）

金融改革在该阶段表现为金融秩序的调整和金融功能的完善，具体的成就是：第一，完善了分业监管体系，防范金融风险。1998 年 11 月和 2003 年 4 月，我国成立保险监督管理委员会和银行业管理委员会分别监督保险行业和银行业，自此，金融业建立了"一行三会"的监管体系。第二，进一步加强金融法规建设，先后出台完善《中国人民银行法》《商业银行法》《保险法》《证券法》等法律法规，为金融改革深化和金融秩序调整提供了法律依据，有利于金融监管与金融风险防范。第三，资本市场加速发展，2000 年 3 月 16 日，我国股票发行制度由审批

---

① 资料来源：1998 年《中国金融年鉴》。

制调整为核准制，股票发行门槛降低，股票价格市场化程度提高。第四，加快国有银行商业化改革步伐，扩大金融服务领域，启动消费信贷市场。最后，推行利率市场化。我国自 1993 年明确利率市场化改革的构想，1995 年初步提出利率市场化改革的思路，先放开大额长期存款利率，贷款利率逐步放大浮动范围，外币利率改革先于本币利率。2003年，中共十六届三中全会提出建立健全市场利率形成机制的任务，同年年底，我国放开银行业同业拆借市场利率，银行间债券回购利率、贴现和转贴现率、国债利率，2005 年 9 月 21 日，商业银行开始自主决定存款计息方式，利率市场化改革初见成效。

经过 30 多年发展，我国金融体系从中国人民银行一统天下的格局发展到以中央银行为中心、多种金融机构并存、分工协作的现代金融体系，金融市场由最初的票据市场发展到统一的股票市场、货币市场、债券市场、期货、外汇市场，并形成包括存单、股票、债券、基金等多样化的投资金融工具，为进一步面向市场经济的改革与发展打下基础。

6.1.2 金融改革深化阶段我国金融发展特征

1. 金融规模迅速扩大

改革开放以后，我国金融部门发展迅速，特别是进入金融改革的深化阶段后，金融业增加值不断提高，金融规模迅速扩大，金融部门已经成为我国国民经济的重要组成部分。如图 6－1 所示，随着金融改革的深化与金融市场化发展，我国广义货币 M_2 占 GDP 的比重（即经济货币化程度）每年以 4.33% 左右的速度增长，从 1998 年的 123.81% 提高到2011 年的 180.09%，其中，准货币供应量（$M_2 - M_0$）占 GDP 的比重实现了更快增长，年平均增长速度达到 4.52%，这表明随着我国经济货币化程度不断提高，货币作为支付手段与价值储藏手段，在我国国民经济中的作用越来越重要，同时，非现金交易手段的更快发展也反映了我国金融交易手段在不断创新。从金融相关比率来看，广义货币、股票市值

与债券余额占 GDP 的比重不断加大，从 1998 年的 163.01% 上升到了
2007 年的峰值 308.62%，但受美国金融危机的影响，次年出现大幅下
降，而后随着世界经济缓慢复苏，我国金融相关比率又恢复了上涨的趋
势，从 2008 年的 221.57% 增加到 2011 年的 265.29%。总体来看，
1998～2011 年，我国金融相关比率保持了 7.9% 的年均增长率，增长速
度较快。

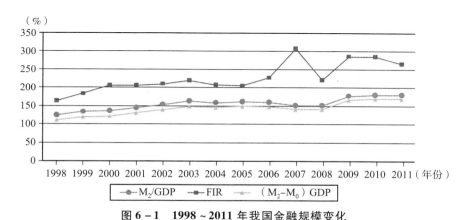

图 6－1　1998～2011 年我国金融规模变化

资料来源：历年《中国统计年鉴》和《中国证券期货统计年鉴》。

表 6－1 展示了代表性年份中我国各项金融资产规模的变化情况。

表 6－1　　　　　　　　代表性年份中我国金融资产总量统计

项目	1998 年		2000 年		2007 年		2008 年		2011 年	
	数额（亿元）	占比（%）	数额（亿元）	占比（%）	数额（亿元）	占比（%）	数额（亿元）	占比（%）	数额（亿元）	占比（%）
国内金融资产（1＋12）	228 094	270.2	312 140	314.6	1 127 217	424.1	1 053 907	335.6	1 867 953	394.8
1. 对国内的总债权（2＋7）	208 572	247.1	264 049	266.1	800 076	301.0	932 540	296.9	1 653 195	349.4
2. 对国内金融机构的总债权（3－6）	112 023	132.7	149 214	150.4	481 961	181.3	566 527	180.4	984 964.6	208.2

续表

项目	1998 年		2000 年		2007 年		2008 年		2011 年	
	数额（亿元）	占比（%）	数额（亿元）	占比（%）	数额（亿元）	占比（%）	数额（亿元）	占比（%）	数额（亿元）	占比（%）
3. 流通中的现金	11 204	13.3	14 653	14.8	30 334	11.4	30 219	9.6	50 748.46	10.7
4. 存款	95 698	113.4	123 804	124.8	389 371	146.5	466 203	148.5	809 368.3	171.1
企业存款	32 487	38.5	44 094	44.4	138 674	52.2	157 632	50.2	410 912.1	86.9
财政存款	2 188	2.6	3 508	3.5	17 632	6.6	18 040	5.7	26 223.07	5.5
机关团体存款	1 285	1.5	2 224	2.2	19 033	7.2	21 963	7.0	109 127.6	23.1
城乡储蓄存款	53 407	63.3	64 332	64.8	172 534	64.9	217 885	69.4	343 635.9	72.6
农业存款	1 748	2.1	2 643	2.7	9 283	3.5	10 075	3.2	—	0.0
信托类存款	2 886	3.4	2 874	2.9	3 156	1.2	3 733	1.2	308.47	0.1
其他类存款	1 696	2.0	4 129	4.2	29 059	10.9	36 875	11.7	16 818.18	3.6
5. 金融债券	5 121	6.1	7 383	7.4	33 343	12.5	36 686	11.7	65 018.82	13.7
6. 保险准备金	—	—	3 374	3.4	28 913	10.9	33 419	10.6	59 828.94	12.6
7. 对国内非金融机构的总债权（8–11）	96 549	114.4	114 835	115.7	318 115	119.7	366 013	116.5	668 230	141.2
8. 贷款	86 524	102.5	99 371	100.2	261 691	98.5	303 395	96.6	547 946.7	115.8
短期贷款	60 613	71.8	6 548	6.6	114 478	43.1	125 182	39.9	203 132.6	42.9
中长期贷款	20 718	24.5	27 931	28.2	131 539	49.5	155 000	49.4	323 806.5	68.4
委托及信托贷款	2 521	3.0	2 410	2.4	2 356	0.9	3 026	1.0	—	0.0
其他类贷款	2 672	3.2	3 282	3.3	13 318	5.0	20 191	6.4	4 330.61	0.9
9. 财政借款	1 582	1.9	1 582	1.6	0	0.0	0	0.0	0	0.0
10. 政府债券	7 766	9.2	13 020	13.1	48 741	18.3	49 768	15.8	73 826.5	15.6
11. 企业债券	677	0.8	862	0.9	7 683	2.9	12 851	4.1	46 456.84	9.8
12. 股票	19 522	23.1	48 091	48.5	327 141	123.1	121 366	38.6	214 758.1	45.4

注：1. "占比"为各项金融资产与 GDP 的比值；

2. 国际货币基金组织货币与金融统计手册（2000）指出，保险准备金包括人寿保险和养老基金中的净股利和针对未了结要求权而预先支付的保险费，但是我国官方并没有公布保险准备金数据，因此根据易纲（2008）的做法，使用保险公司总资产代替；

3. "—"表示数据不可得。

资料来源：历年《中国统计年鉴》《中国金融年鉴》。

首先，金融改革进入深化阶段后，我国金融资产总量迅速扩大，从1998年的228 094亿元提高到2011年的1 867 953亿元，增长了8.1倍。金融资产总量占GDP的比重由1998年的270.25%上升到2007年的424.07%后，受金融危机影响，次年大幅下降到335.59%，2009年开始回升到金融危机前的水平并在附近波动。

其次，间接融资市场不断扩大，存款增长速度远快于贷款增长速度。我国金融机构存贷款总额占GDP的比重每年以5.47%的速度增长，从1998年的215.9%增长到2010年的298.23%，但由于2011年我国经济增长速度加快，这个比率下降到286.9%，总体来说，我国间接融资市场的增长速度快于经济货币化速度。值得注意的是，金融机构贷款余额与存款余额占GDP比重的差距在逐渐拉大（如图6-2所示），一方面反映出居民收入水平不断提高，大量储蓄存款为我国社会生产与经济建设提供了雄厚的资金来源，另一方面也说明我国金融机构的资金利用效率依然较低。

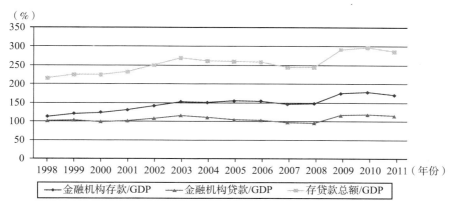

图6-2　1998~2011年我国金融机构存贷款占GDP比重的变化

资料来源：各年《中国统计年鉴》。

最后，直接融资市场绝对规模增加迅速。股票市价总值从1998年的19 521.81亿元增加到2011年的214 758.1亿元，占GDP比重达

45.4%，总量增长了 11 倍。债券市场规模从 1998 年的 13 563.76 亿元增加到 2010 年的 185 302.2 亿元，增长了 13.66 倍，其中，企业债券增加速度最快，从 1998 年的 676.93 亿元增加到 2011 年的 46 456.84 亿元，增长了 68.63 倍，而政府债券和金融债券增长速度相对较慢，1998～2011 年间分别增长了 9.51 倍和 12.7 倍。总体来说，虽然我国直接融资市场从无到有，规模增加迅速，但是相对于间接融资市场，增长速度还是过慢。

2. 金融结构不断完善但存在失衡现象

改革开放以前，我国金融资产仅由流通中的现金和银行资产构成，金融结构单一。金融改革进入深化阶段后，我国金融结构不断改善，金融资产结构和社会融资结构不断合理化，金融工具、金融服务不断创新、金融组织朝多元化发展。目前，我国金融资产主要包括流通中的现金、金融机构存款、贷款、股票、债券和保险费等类别。

（1）我国金融资产结构的特征。

表 6 - 2 展示了我国代表性年份中各项金融资产占金融资产总额的比重。随着金融市场的发展，股票市值占金融资产总量比重上升明显，2000 年，该占比达到 15.41%，但由于我股票市场价格波动较大，加之金融危机的影响，2008 年股市进入下行期，市价总值在金融资产中的比重下降到 11.52%，此后，随着经济回暖，这个比例表现出先增后减的发展趋势。

我国上市公司的数量从 1998 年的 768 家增加到 2011 年的 2 342 家，投资者账户总数由 2000 年的 6 123.24 万户增加到 2011 年的 20 259.2 万户[①]，增长了 3.31 倍，表明我国股票市场的参与程度提高迅速。虽然我国直接融资市场不断扩大，但是 1998～2011 年间，90% 左右的国内金融资产仍表现为债权类金融资产，除 2007 年以外，以股票为代表的权益类金融资产占比仅徘徊在 10% 左右。从债权类金融资产内部结构来

---

① 2001 年与 2012 年《中国证券期货统计年鉴》。

看，对国内金融机构的总债权中，各项存款占比波动性较大，但在长期中保持了上升趋势，其中，企业存款占比的增加速度最快，从1998年的14.24%增加到2011年的22%；对国内非金融机构的总债权中，各类贷款占比呈下降趋势，这主要是短期贷款占比的快速下降造成的，根据本书计算，该占比从1998年的26.57%下降到2011年的10.87%；相反，中长期贷款占比迅速提升，表明我国金融机构抵御风险的能力在不断提高。

表6-2　　　　代表性年份中我国各项金融资产结构及其变化　　　　单位：%

项目	1998年	2000年	2005年	2007年	2008年	2009年	2010年	2011年
国内金融资产（1+12）	100	100	100	100	100	100	100	100
1. 对国内的总债权（2+7）	91.44	84.59	94.61	70.98	88.48	83.15	84.50	88.50
2. 对国内金融机构的总债权（3-6）	49.11	47.80	57.50	42.76	53.75	49.84	50.55	52.73
3. 流通中的现金	4.91	4.69	3.99	2.69	2.87	2.64	2.61	2.72
4. 存款	41.96	39.66	47.70	34.54	44.24	41.30	41.94	43.33
企业存款	14.24	14.13	15.97	12.30	14.96	15.00	14.28	22.00
财政存款	0.96	1.12	1.33	1.56	1.71	1.55	1.49	1.40
机关团体存款	0.56	0.71	2.00	1.69	2.08	2.04	3.86	5.84
城乡储蓄存款	23.41	20.61	23.43	15.31	20.67	18.02	17.71	18.40
农业存款	0.77	0.85	1.03	0.82	0.96	1.01	1.01	—
信托类存款	1.27	0.92	0.57	0.28	0.35	0.41	0.38	0.02
其他类存款	0.74	1.32	3.37	2.58	3.50	3.27	3.22	0.90
5. 金融债券	2.25	2.37	3.27	2.96	3.48	3.10	3.06	3.48
6. 保险准备金	—	1.08	2.54	2.56	3.17	2.81	2.95	3.20
7. 对国内非金融机构的总债权（8-11）	42.33	36.79	37.12	28.22	34.73	33.30	33.96	35.77
8. 贷款	37.93	31.84	32.34	23.22	28.79	27.61	27.98	29.33

项目	1998 年	2000 年	2005 年	2007 年	2008 年	2009 年	2010 年	2011 年
短期贷款	26.57	2.10	14.52	10.16	11.88	10.13	9.71	10.87
中长期贷款	9.08	8.95	13.51	11.67	14.71	15.37	16.87	17.33
委托及信托贷款	1.11	0.77	0.52	0.21	0.29	0.36	0.36	—
其他类贷款	1.17	1.05	3.78	1.18	1.92	1.75	1.04	—
9. 财政借款	0.69	0.51	0.00	0.00	0.00	0.00	0.00	0.00
10. 政府债券	3.40	4.17	4.78	4.32	4.72	4.00	3.95	3.95
11. 企业债券	0.30	0.28	—	0.68	1.22	1.69	2.02	2.49
12. 股票	8.56	15.41	5.39	29.02	11.52	16.85	15.50	11.50

注："—"表示数据不可得；根据易纲（2008）的做法，使用保险公司总资产代替保险准备金。

资料来源：历年《中国统计年鉴》与《中国金融年鉴》。

从对金融机构总债权的内部结构来看，流通中的现金占比逐年降低，这表明随着电子计算机和网络的发展，支付手段越来越多样化，人们对现金支付的需求不断降低。金融机构存款的内部结构中，企业存款和城乡储蓄存款长期处于主导地位，前者占比不断提高而后者占比呈降低趋势，其他存款占比始终处于低位。此外，金融债券和保险准备金虽然在金融资产中的份额有限但增长速度较快，到 2011 年，两者占比均提升到了 3% 以上，体现了我国金融组织与融资结构的多样化发展。从对国内非金融机构的总债权内部结构来看，1998～2011 年，金融机构贷款在金融资产总额中的份额下降了 8.6%，但仍占据主导地位。财政借款、政府、企业债券等项目占比长期以来处于低位，其相对规模仍然呈上升趋势。

（2）我国社会融资结构。

社会融资规模是指一定时期内实体经济从金融体系中所获得的资金总额，是个增量概念，而社会融资结构为不同来源资金的构成情况和相对比例关系。社会融资结构的转变同样是一国金融结构调整和改善的重要体现。总体来说，我国社会融资结构经历了三个阶段的变迁，从 1956~1978 年的财政直接调配到 1979~1990 年的金融支持，1990 年后，又实现了由金融支持向间接融资与直接融资并重的融资方式转变，到 20 世纪 90 年代末，我国的社会融资结构已从相对单一的财政拨款发展成为以银行贷款（间接融资）融资为主导、股票债券（直接融资）融资为导向，财政、信托和租赁典押融资为补充的多渠道、相对完整的融资体系（彭少玲等，2009；郭爱美，2014）。

如表 6-3 所示，我国社会融资结构有四个特点：第一，间接融资在社会融资结构中处于主导地位。2002 年开始，虽然我国间接融资比重逐年下降，从 2002 年的 92.91% 下降到 2011 年的 82.39%，但仍在社会融资总量中仍占据绝对优势，以股票、企业债券为代表的直接融资份额虽逐年上升但占比有限，企业融资过多依赖银行贷款。第二，间接融资方式正在多元化发展。从间接融资方式的内部结构看，金融机构贷款占间接融资的比例不断下降，从 2002 年的 95.49% 降低到 2011 年的 62.78%，而其表外业务（主要为委托贷款和信托贷款）在不断增加，2011 年该项目占融资总额的比重上升到了 11.69%。第三，企业债券成为直接融资的主导方式。从直接融资的内部结构来看，股票融资比例在 2007 年达到 7.26% 的最高点后，受金融危机影响，次年急剧下降，经济回暖之后，股票融资比例仍然徘徊不前，相反，企业债券融资在社会融资总量中的份额逐年上升，从 2002 年的 1.82% 上升到 2011 年的 10.65%，增长了 5.85 倍。第四，国有企业占银行信贷的份额持续下降，但银行贷款仍存在严重的国有企业偏向，尤其是对大型国有企业。本书推算了 1998~2009 年金融机构对各类企业人民币贷款的构成情况，如表 6-4 所示，1998 年，72% 的短期贷款流向国有企业，而中长期贷款中流向国有企业的份额更高，辛念军（2006）也发现了该问题。随着金融机构经营的市场化和多元化发展，国有企业在银行信贷中所占份额持续降低，2009 年，仅有 42.2% 的短期贷款流向国有企业，到 2010 年，国有企业在银行信贷总额中所占比重为 52.2%，次年，这一比重降至

48.8%（如表6－5所示），但仍高于私人控股企业的33.5%。从表6－5
还可以发现，银行对大型国有企业的偏向程度更高，2010年和2011年对
大型企业的贷款中，71.6%和70.3%流向了国有企业，相比而言，对中型
企业的贷款则更加公平，国有企业和私营企业平分秋色，而向小型企业的
贷款中私营企业所得份额更高。

表6－3　　　　　　　　　我国社会融资结构　　　　　　　单位：%

项目	2002年	2003年	2004年	2005年	2006年	2007年	2008年	2009年	2010年	2011年
社会融资规模	100.00	100.00	100.00	100.00	100.00	100.00	100.00	100.00	100.00	100.00
1. 间接融资	92.91	95.41	93.90	89.79	89.01	87.09	85.18	86.95	85.79	82.39
人民币贷款	91.86	81.06	79.20	78.46	73.83	60.88	70.26	68.97	56.67	58.24
外币贷款	3.63	6.70	4.82	4.72	3.42	6.48	2.79	6.66	3.46	4.45
委托贷款	0.87	1.76	10.89	6.53	6.31	5.65	6.11	4.87	6.24	10.10
信托贷款	—	—	—	—	1.93	2.85	4.50	3.14	2.76	1.59
未贴现银行承兑汇票	－3.46	5.89	－1.01	0.08	3.51	11.23	1.52	3.31	16.65	8.01
2. 直接融资	4.95	3.10	3.98	7.83	9.01	11.09	12.67	11.30	12.02	14.06
企业债券	1.82	1.46	1.63	6.70	5.41	3.83	7.91	8.89	7.89	10.65
企业境内股票融资	3.12	1.64	2.35	1.13	3.60	7.26	4.76	2.41	4.13	3.41

注："—"表示数据不可得。
资料来源：历年《中国统计年鉴》。

表6－4　　　　　　　代表性年份我国金融机构对各类
　　　　　　　　　企业的人民币贷款构成情况　　　　　单位：亿元

项目	1998年	2000年	2003年	2005年	2008年	2009年
贷款	86 524.1	99 371.1	158 996.2	194 690.4	303 467.8	399 684.8
短期贷款	60 613.2	65 748.1	83 661.2	87 449.2	125 215.8	146 611.3
国有独资企业短期贷款	43 646.8	36 993.8	52 163.9	53 477.9	75 204.1	61 899.4

续表

项目	1998 年	2000 年	2003 年	2005 年	2008 年	2009 年
其中：工业贷款	17 821.5	17 019.3	22 756.0	22 516.7	36 145.7	38 769.3
商业贷款	19 752.4	17 868.5	17 994.4	16 447.6	17 742.5	19 483.3
建筑业贷款	1 628.7	1 617.1	3 002.1	2 983.7	3 687.0	3 646.8
农业贷款	4 444.2	488.9	8 411.4	11 529.9	17 628.8	21 622.5
非国有独资企业短期贷款	16 966.3	24 354.2	31 497.3	33 971.3	50 011.7	63 089.4
其中：乡镇企业贷款	5 580.0	6 060.8	7 661.6	7 901.8	7 454.3	9 029.3
三资企业贷款	2 487.5	3 049.8	2 569.4	1 975.3	2 270.8	2 180.3
个体及私营企业贷款	471.6	654.6	1 461.6	2 180.8	4 223.8	7 117.3
其他短期贷款	8 427.2	14 589.0	19 804.7	21 913.5	36 062.8	44 762.6
国有独资企业占短期贷款比重（%）	72.0	56.3	62.4	61.2	60.1	42.2
短期贷款占总贷款比重（%）	70.1	66.2	52.6	44.9	41.3	36.7

注：1. 按照《中国金融年鉴》的分类，我国金融机构贷款包括短期贷款、中长期贷款、信托类贷款和其他贷款，短期贷款中包括工业贷款、商业贷款、建筑业贷款、农业贷款、乡镇企业贷款、三资企业贷款、个体及私营企业贷款和其他短期贷款共八项。辛念军（2006）认为，短期贷款内部结构中的前四项基本可以代表国有独资企业贷款，本书据此推算出各年金融机构对国有独资企业短期贷款比重。

2. 2010 年后，《中国金融年鉴》不再对外公布短期贷款中八个子项目的统计数据，因此本表数据仅到 2009 年。

资料来源：历年《中国金融年鉴》。

表 6 - 5　　　　　2010～2011 年我国金融机构对国内各类所有制企业

信贷余额及其占比　　　　　　　　单位：亿元

2010 年							
大型企业	占比（%）	中型企业	占比（%）	小型企业	占比（%）	总额	占比（%）
境内企业贷款总额	131 525.5	100	98 657.4	100	72 732.1	100	302 914.9	100
国有控股企业	94 146.7	71.6	42 966.3	43.6	21 122.0	29.0	158 235.0	52.2
集体控股企业	11 901.7	9.0	10 582.0	10.7	5 954.7	8.2	28 438.4	9.4

续表

2010 年							
	大型企业	占比 （%）	中型企业	占比 （%）	小型企业	占比 （%）	总额	占比 （%）
私人控股企业	14 971.8	11.4	34 928.5	35.4	41 255.6	56.7	91 155.9	30.1
港澳台控股企业	4 678.6	3.6	5 223.8	5.3	2 164.9	3.0	12 067.3	4.0
外商控股企业	5 826.8	4.4	4 956.8	5.0	2 234.8	3.1	13 018.3	4.3

2011 年							
	大型企业	占比 （%）	中型企业	占比 （%）	小型企业	占比 （%）	总额	占比 （%）
境内企业贷款总额	138 494.2	100	107 524.4	100	104 150.8	100	350 169.4	100
国有控股企业	97 400.7	70.3	42 858.5	39.9	30 687.4	29.5	170 946.6	48.8
集体控股企业	13 650.6	9.9	12 038.9	11.2	9 290.3	8.9	34 979.8	10.0
私人控股企业	16 895.8	12.2	42 164.9	39.2	58 251.9	55.9	117 312.5	33.5
港澳台控股企业	4 908.4	3.5	5 369.8	5.0	2 980.5	2.9	13 258.7	3.8
外商控股企业	5 638.8	4.1	5 092.3	4.7	2 940.7	2.8	13 671.8	3.9

资料来源：2011 年及 2012 年《中国金融年鉴》。

应该注意的是，2011 年，我国国有及国有控股企业数量仅为私营企业数量的 9.44%，工业总产值仅为私营企业的 87.6%，但获得的银行贷款数量相当于私营企业的 1.46 倍，银行对国有企业信贷支持程度与其对社会产出的贡献程度严重不对等，造成了资源配置效率低下、社会产出以及经济增长效率的损失。

3. 区域金融发展不平衡

随着经济、金融体制改革的推进，我国各省市自治区均建立了以中央银行为主导，多种金融机构并存、分工协作的现代金融体系，但由于国家政策、各地区地理位置与经济发展水平差异，我国区域间金融发展水平失衡。金融发展有多个方面的表现，因此，本书从金融规模、金融结构和金融效率三个方面讨论东部、中部和西部区域金融发展水平的差异。

（1）区域间金融规模差距较大。

本书分金融机构与金融市场两方面考察区域金融规模差距。对金融机构规模考察时，首先，利用金融机构年末各项存贷款余额之和度量绝对规模。如图 6 - 3 所示，1998 ~ 2011 年，各区域金融机构绝对规模不断增长，其中，东部区域存贷款总额远远高于中部和西部区域，而中部和西部区域之间的差距比较有限。东部区域存贷款总额从 1998 年的157 407.48 亿元增长到 2011 年的 1 231 530.7 亿元，增长了 6.82 倍，年平均增长速度达到 52.49%，而中部区域和西部区域存贷款总额分别从1998 年的 41 454.4 亿元和 24 969.73 亿元增长到 2011 年的 268 865.12 亿元和 203 965.72 亿元，分别增长了 6.49 倍和 8.17 倍，年平均增长速度分别为 49.89% 和 62.83%，虽然西部区域金融机构规模增长速度快于中部区域，但其绝对规模仍然比较有限。

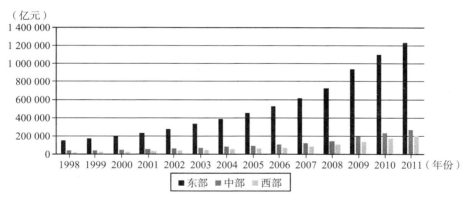

图 6 - 3 我国东部、中部、西部区域存贷款规模变化趋势

资料来源：历年《中国金融年鉴》。

其次，本书计算了各区域金融机构存贷款总额占同期国内存贷款总额的比重，表示区域金融机构相对规模，如图 6 - 4 所示，各区域金融机构相对规模比较稳定，1998 ~ 2011 年，东部区域存贷款总额占到全国存贷款总量的 70% 以上，而中部和西部区域占比仅维持在 16% 和 11%左右，东部区域金融机构相对规模相比中、西部区域有绝对优势。

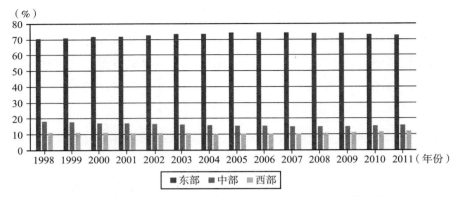

图 6 – 4　我国东部、中部、西部区域存贷款相对规模变化

资料来源：历年《中国金融年鉴》。

　　由于我国统计年鉴对各省市年末债券余额的统计不详，而股票融资额数据缺失过多，本书用股票市价总值代表各区域金融市场规模。《中国金融年鉴》从 2003 年开始统计各省市股票市价总值，但 2007 年之前数据缺失较多，无法据此计算 2003 ~ 2007 年间东部、中部和西部区域的股票市价总值，因此，本书仅分析 2007 ~ 2011 年之间我国各区域股票市价总值的变化，如图 6 – 5 所示，我国各区域金融市场规模波动较大，金融危机后，各区域股票市价总值普遍下降并持续波动，其中，东部区域金融市场规模大于中部和西部区域，且占绝对优势。2011 年，东部区域股票市价总值为 194 809.38 亿元，远远高于中部和西部区域的 29 129.08 亿元和 20 038.85 亿元，是中部和西部区域股票市价总值总和的 3.96 倍，而中部和西部区域之间的差距又较小。

　　（2）区域金融结构失衡但不断改善。

　　我国各区域金融结构失衡，银行信贷在社会融资结构中均占据主导地位，而股票市场融资与企业债券融资的占比偏低，企业外部融资严重依赖银行贷款。本书计算了 2011 年我国 30 个省市直接融资和间接融资规模，分别使用金融机构各项贷款额与股票市价总值来表示。如图 6 – 6 所示，在我国 30 个省市中，只有北京市股票市价总值超过了金融机构

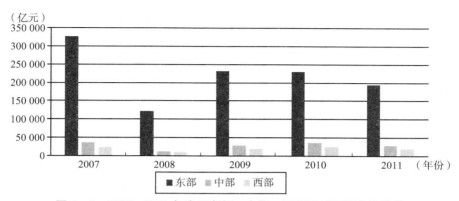

图 6 - 5 2007~2011 年我国东部、中部、西部区域股票市价总值

资料来源：历年《中国金融年鉴》。

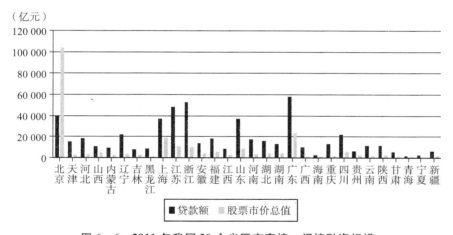

图 6 - 6 2011 年我国 30 个省区市直接、间接融资规模

资料来源：2012 年《中国金融年鉴》。

贷款总额，而其余省市金融机构贷款规模均占绝对优势，表明银行贷款是我国各区域经济主体外部融资的主要来源，直接融资途径占比有限。

《中国金融年鉴》将金融机构对境内贷款分为短期贷款、中长期贷款、融资租赁、票据融资与各项垫款五个项目。其他条件不变的情况下，中长期贷款的增加表明金融机构竞争程度和风险管理水平的提高以

及法律对债权人保护程度的增强、进而金融发展程度的提高（邵明波，
2010；马军潞等，2013）。研发活动需要长期持续的资金投入，中长期
信贷在金融机构信贷总额中的份额提升更有助于降低融资成本、增加研
发投入和保证投入的持续性，基于这些考虑，本书根据包群和阳佳余
（2008）以及邵明波（2010）的研究，计算了各区域金融机构信贷期限
结构（即中长期贷款在贷款总额中的份额）来描述金融结构的变化。如
图 6 - 7 所示，我国各区域金融机构信贷期限结构呈不断改善的趋势，
2005 年，西部区域中长期贷款份额首次突破 50%，到 2008 年后，各区
域中长期贷款均占贷款总额的一半以上。

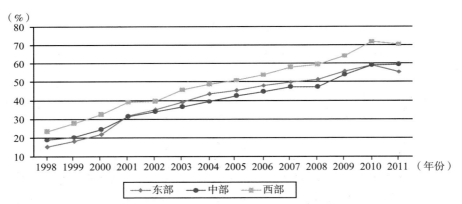

图 6 - 7　我国东部、中部和西部区域金融机构信贷期限结构的变化

资料来源：历年《中国金融年鉴》。

　　从各区域来看，西部区域中长期贷款在金融机构贷款总额中的份额
最高，而中部和东部区域的水平较为接近。在长期中，东部区域中长期
贷款额持续高于中部和西部区域，2011 年，东部区域金融机构中长期贷
款额为 365 151.96 亿元，远远高于中部和西部区域的 108 905.06 亿元
与 84 515.22 亿元，但由于东部区域贷款总额过大，导致其中长期贷款
在贷款总额中的份额低于西部区域。

　　（3）区域资金配置效率呈先下降后上升的趋势。

　　金融效率实际上是金融机构的金融资源（资金）配置效率。测度金

融效率的方法较多，较早的研究中，卢峰和姚洋（2004）、康继军等（2005）利用私人部门信贷占信贷总额的比重衡量金融效率，但由于我国缺少各地区私人部门信贷额的统计，张军等（2007）基于国有企业获得的信贷份额与国有企业产出份额高度相关的前提假设，使用残差结构一阶自相关 AR1 方法从信贷总额中分离出非国有企业贷款，但是这个方法存在较大误差与局限性（刘文革等，2014），例如假定估计系数在各省市相同。同时，张军等（2007）选取的样本时段为 1987～2001 年，金融市场化程度不高，但 90 年代末期以后，银行业经营市场化程度不断提高，该方法需要改进。在其他的研究中，学者们使用多指标衡量金融发展效率，但是这些指标所要求的数据在我国各地区并不可得，无法使用这些指标度量我国各区域金融发展效率，因此，本书根据崔艳娟和孙刚（2012）的研究，使用储蓄投资转化率即金融机构年末贷款余额占存款余额（后文简称为存贷比）的比重来测度区域金融效率。

如图 6 - 8 所示，我国各区域金融效率呈现出先下降后上升的特征，2007 年之前，我国各区域金融机构资源配置效率呈下降趋势，中部和西部区域金融机构年末贷款余额占存款余额比重的下降速度高于东部区域。2008 年开始，各区域金融机构资源配置效率出现不同程度上升，其中，东部区域和西部区域的上升速度更快。

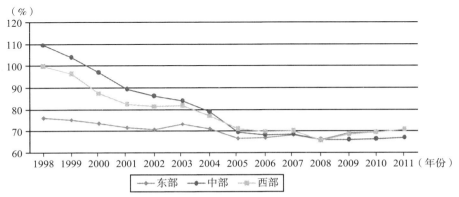

图 6 - 8　我国东部、中部和西部区域金融机构资源配置效率变化

资料来源：历年《中国金融年鉴》。

6.1.3　我国金融发展的问题与困境

改革开放以来，经过 30 多年的金融改革与发展，我国金融体系不断完善，金融规模不断扩张，金融市场化程度不断提高，但是我国金融体系内部存在严重的结构失衡，导致金融市场功能弱化和金融效率低下（方圆，2013）。从金融体系内部结构来看，我国金融发展存在多方面的失衡，主要表现在：

第一，融资结构失衡。在社会融资结构方面，企业外部融资严重依赖于银行信贷，而以股票和企业债券为代表的直接融资占比过低，且直接融资渠道不畅；同时，虽然我国金融市场化程度不断提高，但是金融机构仍然存在严重的国有企业偏向，银行贷款中国有企业所占份额较高，相比而言，中小企业和民营企业融资困难。

第二，金融中介内部结构失衡。在金融中介结构方面，银行金融中介占据主导地位，其他金融中介实力相对较弱，同时，银行业集中度过高，且效率低下。

第三，区域金融发展水平失衡。目前，东部区域已建立了较为完善且发达的金融体系，而中部和西部区域金融发展程度和东部区域相比存在较大差距，同时，中西部区域金融体系以大型国有银行为主导，直接融资途径不畅。

我国区域金融发展失衡是政府政策倾斜、地理位置与经济发展水平差异等多种因素的结果。从历史经验来看，政府对金融发展的影响不可忽视，金融发展水平较低时，政府的介入会补充市场不足，其通过行政力量集中社会资源并向社会注入国家资本，增加金融部门的实力。政府有能力支付建立现代金融体系的成本，以国家信誉弥补社会信任制度的不足，以行政权力支持现代金融，抑制传统金融，这会加速金融发展步伐（李义奇，2005）。同时，政府金融发展战略与区域金融发展有紧密联系。我国实行渐进式改革模式，为稳定全局、防范风险，政府往往将金融改革试点设在经济发达、信用条件好的地区，政策倾斜促进了这些地区金融发展水平的提高，同时又拉大了其他改革滞后地区与改革试点地区的金融发展水平差距。

　　改革开放后，我国政府打破各地区发展的平均主义，向地理位置更为优越的东部沿海区域实行投资、财税、信贷、外资、外贸等多项政策倾斜，优先支持东部区域经济、金融发展，期望通过示范效应与扩散效应带动中部和西部区域后发赶超。政策倾斜使东部区域较早建立了更为完善的市场机制，并带来一系列制度改革与创新，促进了经济繁荣和金融发展，然而，在东部区域金融经济发展取得较大成绩之后，并没有起到带动中部和西部区域发展的作用，反而拉大了区域金融发展水平差距；同时，我国证券交易市场集中在深圳、上海两地，各地区资金在利益驱动下向东部沿海地区集聚，这也进一步拉大了区域金融发展水平差距。此外，经济发展水平差异是造成金融发展失衡的又一因素。我国东部区域经济发展水平较高，财政盈余更为充沛，一方面，政府有能力为该区域的金融发展提供有力支持，另一方面，政府直接向科技型企业提供金融支持，通过促进该地区技术创新与经济增长进一步增加政府财政盈余，进而有更加充足的资金支持当地金融发展，相反，西部区域经济发展水平落后，金融发展无法得到政府的有力支持。

6.2　金融发展对研发强度周期特征的影响

　　鉴于金融发展对研发活动的融资支持作用及创新投入促进作用可能存在阶段性差异，本节将区分经济周期阶段考察金融发展对研发强度周期特征的影响，借此探讨如何规避持续经济波动对我国研发强度所产生的负效应，促进研发强度稳提升。

6.2.1 研究设计

1. 计量模型的建立

为了区分经济周期阶段研究金融发展对研发强度周期特征的影响，本节建立如下计量模型：

$$R\&D_{it} = \alpha + \beta_1 R\&D_{it-1} + \beta_2 GapE_{it} + \beta_3 GapR_{it} + \beta_4 GapE_{it} \times FD_{it}$$
$$+ \beta_5 GapR_{it} \times FD_{it} + \beta_6 Control_{it} + \varepsilon_{it} \qquad (6-1)$$

其中，$R\&D_{it}$ 代表 i 地区 t 时期的研发强度，$GapE_{it}$ 与 $GapR_{it}$ 分别为扩张期及紧缩期经济周期指标，计算方法分别是 $Gap_{it} \times Expansion_{it}$ 与 $Gap_{it} \times Recession_{it}$，其中，$Gap_{it}$ 为产出缺口，用来刻画经济周期，其估算法方法见上文所述。$Expansion_{it}$ 与 $Recession_{it}$ 是周期阶段虚拟变量，分别表示经济扩张期与紧缩期，定义是：若 $Gap_{it} > 0$ 则 $Expansion_{it} = 1$ 且 $Recession_{it} = 0$；若 $Gap_{it} < 0$ 则 $Expansion_{it} = 0$ 且 $Recession_{it} = 1$。FD_{it} 为金融发展指标，包括金融规模、信贷期限结构与金融效率。$Control_{it}$ 是其他控制变量，ε_{it} 是随机误差项。

2. 金融发展指标选取

金融发展包括多方面内容，单一指标并不能度量金融发展的各维度表现。因此，本书根据国内外学者的普遍做法及我国中介主导的金融体系特征，并结合金融发展缓解研发活动融资约束的作用机理，从金融规模扩张、信贷期限结构改善和金融效率提高三个方面度量我国各地区金融发展水平。其中，利用非国有部门贷款占金融机构年末存款余额的比重（简称为非国有部门信贷比）衡量金融效率；利用金融机构中长期贷款额占年末贷款余额的比重（简称为中长期贷款份额）衡量信贷期限结构；利用金融机构年末贷款余额占 GDP 的比重度量金融规模。已有研究表明，研发投资流动性差、回报周期长，因此，与短期贷款相比，中长期贷款更加匹配此特征。

改革开放以后，为推行区域优先发展战略，我国存在大量的政策导

向信贷且金融中介有国有企业偏向（钱水土和周永涛，2011；杨兴全和
曾义，2014），传统的存贷款比（崔艳娟和何孙刚，2012）及储蓄投资
转化率等指标会因包含大量政策性贷款及效率偏低的国有企业贷款而高
估地区金融效率，相反，私人企业信贷投放往往更有效率且市场化程度
更高；同时，考虑到金融体系资金配置效率的内涵不仅包括金融资源投
向高效率部门，而且包括金融中介将存款转化为贷款的效率（王志强和
孙刚，2003；张成思等，2013），从而本书所构建的非国有部门信贷比
更加符合金融效率的内涵。由于我国统计资料未区分企业所有制统计地
区贷款，因此，本书借鉴张军等（2007）的思路估算非国有部门信贷
比，钱水土和周永涛（2011）、杨兴全和曾义（2014）也曾采用此方
法。具体的做法是，建立如下计量模型：

$$\text{Loan}_{it} = \alpha + \beta \text{soe}_{it} + \eta_i + \gamma_{it} \qquad (6-2)$$

其中，Loan_{it}是金融机构年末存贷款余额比，soe_{it}是国有部门固定资
产投资在社会固定资产投资总额中所占比重，βsoe_{it}即为国有部门贷款在
金融机构存款总额中所占比重，剩余部分则是非国有部门信贷比。

本书并没有从金融市场的角度考察各地区金融发展水平，原因如
下：第一，以银行信贷为代表的间接融资是我国经济主体外部融资主要
渠道，直接融资比重很有限。2011年，直接融资途径占社会融资规模的
14.06%，其中股票融资比重更小，仅为3.41%，从这个角度看，对金
融中介的考察可以很大程度上反映我国整体金融体系的发展；第二，根
据国内外学者的研究，股票市价总值是构造金融市场发展指标的重要变
量。《中国金融年鉴》从2003年开始对各省市股票市价总值的统计，且
2003～2007年之间的数据缺失较多，只有2007年之后的统计数据较全，
而本书所选面板数据的时间跨度为1998～2014年，无法利用各地区现
有股票市场统计数据进行时间跨度较长的实证研究。

3. 数据说明及变量描述

考虑到数据完整性与可获得性，本书选取中国30个省区市（西藏
除外）1998～2014年的面板数据估计计量模型。实证分析所需数据中，

地区生产总值、固定资产投资额等数据来源于历年《中国统计年鉴》，各行业大中型工业企业与地区研发经费内部支出等数据来源于历年《中国科技统计年鉴》《工业企业科技活动统计年鉴》，地区金融机构年末存贷款余额、中长期贷款额等数据来源于历年《中国金融年鉴》。各变量含义及描述性统计如表6-6所示。

表6-6 各变量描述性统计

变量	含义	样本数	均值	标准差	最小值	最大值
R&D	研发经费内部支出/地区GDP	510	0.0118	0.011	0.0008	0.0741
GapE	扩张期经济周期指标	510	0.0104	0.0165	0	0.1287
GapR	紧缩期经济周期指标	510	0.0104	0.0176	0	0.124
FDE	非国有部门贷款在金融机构存款总额中所占比重	510	0.5121	0.1341	0.0536	1.0544
CMS	中长期贷款在金融机构总贷款中所占比重	510	0.4697	0.162	0.1113	0.8219
FDA	金融机构年末贷款余额在GDP中所占比重	510	1.1206	0.3895	0.5528	3.2917
R&Dcom	大中型工业企业研发经费内部支出/主营业务收入	378	0.0082	0.0051	0.0006	0.0233

注：所有变量均为相对值。
资料来源：本书计算所得。

4. 估计方法

上述计量模型中，研发强度与经济周期波动互为因果，若直接对计量模型进行回归，内生性问题存在会干扰回归结果，因此，本书依然采用动态面板数据与系统广义矩估计（SYS-GMM）方法来处理。估计计量模型时，将采用下述方法来确保估计结果稳健且可靠：对工具变量有效性进行Hansen过度识别约束检验，对随机误差项的二阶序列相关进行Aerllano-Bond检验，遵循邦德（2002）提出的原则，确保滞后项SYS-GMM估计值介于OLS和FE估计值之间，并适度放松拇指规则。

拇指规则要求工具变量数少于截面数，但本章所采用面板数据时间跨度较大，变量数较多，在确保工具变量有效的前提下无法满足此要求。实际上，各估计结果中，工具变量数与截面数相比并不过大。

6.2.2　估计结果与分析

1. 总体样本估计结果

本书首先对计量模型（6 - 1）中各变量进行了平稳性检验，发现各变量均平稳，随后利用三种方法估计计量模型，结果如表6 - 7所示。根据前述讨论，不难发现第（3）列SYS - GMM估计结果稳健且可靠。理由是：①Hansen检验不能拒绝工具变量有效的原假设；②Aerllano - Bond检验不能拒绝一阶差分方程的随机误差项不存在二阶序列相关的原假设；③工具变量数相对于截面数，并不过大。④研发强度滞后项的SYS - GMM估计值介于混合OLS与FE估计值之间。下面根据第（3）列估计结果进行讨论。

表6 - 7　　　　　　　　　　总体样本估计结果

估计方法	（1） OLS	（2） FE	（3） SYS - GMM
R&D_1	0.0209 *** （158.61）	- 0.0856 *** （53.85）	0.0127 *** （108.76）
GapE	0.0026 （0.14）	- 0.0186 （- 0.87）	- 0.108 ** （- 2.23）
GapR	0.0143 （0.88）	- 0.0139 （- 0.78）	0.0768 *** （3.03）
GapE × FDE	0.1065 *** （4.55）	0.1074 *** （4.19）	0.1899 ** （2.16）
GapR × FDE	- 0.022 （- 1.05）	- 0.0208 （- 0.93）	- 0.0556 ** （- 2.08）

续表

	（1）	（2）	（3）
估计方法	OLS	FE	SYS – GMM
GapE × CMS	− 0.0092 （ − .035）	0.439 （1.62）	0.1253 ** （2.47）
GapR × CMS	− 0.045 * （ − 1.83）	0.0222 （0.85）	− 0.1112 *** （ − 3.80）
GapE × FDA	− 0.0671 *** （ − 9.15）	− 0.0701 *** （ − 9.41）	− 0.0712 *** （ − 3.28）
GapR × FDA	− 0.0093 * （1.99）	0.0078 （1.68）	0.0064 （1.05）
Year2008	− 0.0002 （ − 0.95）	− 0.0002 （ − 0.92）	0.0001 （0.42）
Year2009	0.001 *** （3.96）	0.0009 *** （3.71）	0.001 *** （5.17）
常数项	0.0006 *** （5.23）	0.0018 *** （8.59）	0.0006 *** （3.52）
样本数量	480	480	480
Prob > F	0.000	0.000	0.000
AR（1）			0.007
AR（2）			0.085
Hansen 检验			0.806
工具变量数			41

注：1. 括号中数值是 t 统计量；

2. *** 、** 、* 分别表示表示在1%、5%和10%水平上显著；

3. R&D_1、GapE、GapR 是内生变量，其余是外生变量；

4. OLS、FE、SYS – GMM 分别为混合回归、固定效应、系统广义矩估计；

5. 为了尽量减少工具变量数并保证工具变量的有效性，第（3）列中，对内生变量滞后四期并用了 collapse，对于因变量的一阶滞后用了滞后五期。

　　估计结果显示，我国研发强度呈逆周期特征，实际产出每高于潜在产出一个百分点，研发强度降低达 0.108 个百分点，而当实际产出每低于潜在产出 1 个百分点，研发强度仅上升 0.0768 个百分点，这说明研发强度对经济扩张的负向反应力度较大，而对经济紧缩的正向反应力度有限，因此持续的经济波动在长期中对研发强度有负效应，与本书第 5

章估计结果相一致，再次证明了前文估计结果的稳健性。更进一步本书发现，非国有部门信贷比与中长期贷款份额各提高 1 个百分点，研发强度对经济扩张的负向反应力度分别降低 0.1899 个与 0.1253 个百分点，同时，其对经济紧缩的正向反应力度也分别减弱 0.0556 个与 0.1112 个百分点，金融效率、信贷期限结构指标与两个经济周期指标交互项系数的总和值（即 GapE × FDE 与 GapR × FDE 系数的总和值、GapE × CMS 与 GapR × CMS 系数的总和值）分别为 0.1343 与 0.0141。这表明：随着金融效率提高与信贷期限结构改善，研发强度对经济周期各阶段的反应均被弱化，有利于降低研发强度的波动性；同时，相对而言，两者更大幅度地减弱了研发强度对经济扩张的负向反应，因此可在总体上降低上述负效应，促进研发强度持续稳定提升，其中，前者的作用更大，由此，命题 8 得到验证[①]。

此外，分阶段来看，金融效率提高与信贷期限结构改善一方面可显著降低研发强度对经济扩张的负向反应力度，但另一方面，也会减弱研发强度对经济紧缩的正向反应，且后者作用更强，与命题 7 的理论预期不符，这使得两者对上述负效应的降低作用比较有限。要有效发挥金融发展对上述负效应的降低作用，则要求其降低研发强度对经扩张的负向反应，并增强研发强度对经济紧缩的正向反应，若不满足其一，则说明金融发展对该负效应的降低作用比较有限[②]。笔者将在后文对此展开进一步讨论。

本书还发现，随着金融规模增大，研发强度对经济紧缩的正向反应力度并无显著变化，但其对经济扩张的负向反应力度将持续增强，进而使得经济波动对研发强度产生更大负效应。根据本书计算，1998 ~ 2014

---

① 尽管实证分析仅部分支持命题 7 的预期，但实证结果依然表明，金融效率提高与信贷期限结构改善在总体上有助于降低上述负效应，因此，命题 8 得到验证。

② 要有效发挥金融发展对上述负效应的降低作用，则要求其降低研发强度对经济扩张的负向反应，并增强研发强度对经济紧缩的正向反应，若不满足其一，则说明金融发展对该负效应的降低作用比较有限。

年，各省市金融机构年末贷款余额在 GDP 中所占比重的均值达到 112.06%，信贷规模已超越经济总量，金融规模过度扩张特征明显，使得金融体系强烈追求短期投资收益而忽略创新活动，从而金融规模进一步扩大会加强研发强度对经济扩张的负向反应力度。这与命题 9 的理论预期相符。可见，金融发展对研发强度与经济周期之间关联的影响存在阶段性差异，且金融体系各维度发展对两者之间关联关系的影响也不尽相同，因此，要有效利用金融手段规避上述负效应，进而促进研发强度稳提升，须根据宏观经济所处周期阶段合理定位科技金融政策。

最后，考虑到样本期内美国金融危机的影响，本书在计量模型中引入 Year2008 与 Year2009 两个年度虚拟变量。考察发现金融危机在 2008 年并未显著影响我国研发强度，但在 2009 年对其有显著正向影响，这是因为，外部冲击通过贸易、金融等途径形成对中国实体经济的冲击需要一定时滞；同时，相对于连续性较强的研发投资活动，宏观经济总量受金融危机的负向冲击更大。

2. 分区域考察结果

分区域考察时，若直接采用分区域面板数据估计计量模型，则违背了动态面板数据要求时间跨度小于截面数的原则，因此本书在计量模型中引入东部（East）、中部（Middle）和西部（West）三个区域虚拟变量，使用其与经济周期指标和金融发展指标交互项相乘的形式，考察金融发展对研发强度周期特征所产生的区域异质性影响。估计结果如表 6 - 8、表 6 - 9 与表 6 - 10 所示，不难发现，各表第（3）列 SYS - GMM 估计结果是稳健可靠的。

表 6 - 8　　　　　　　　　　分区域对金融效率指标考察的结果

	（1）	（2）	（3）
回归方法	OLS	FE	SYS - GMM
R&D_1	0.0211 （154.23）	- 0.0804 *** （53.46）	0.0063 *** （104.65）

续表

	（1）	（2）	（3）
回归方法	OLS	FE	SYS－GMM
GapE	0.0173 （0.82）	0.002 （0.08）	－0.1254 ** （－2.01）
GapR	0.0127 （0.74）	－0.0106 （－0.57）	0.057 ** （2.73）
GapE × FDE × East	0.1195 *** （4.85）	0.1033 *** （3.65）	0.2029 ** （2.48）
GapR × FDE × East	－0.0229 （－1.06）	－0.0332 （－1.39）	－0.0651 *** （－3.04）
GapE × FDE × Middle	0.0703 ** （2.54）	0.0716 ** （2.28）	0.1794 ** （2.20）
GapR × FDE × Middle	－0.0137 （－0.55）	－0.0099 （－0.36）	－0.056 ** （－2.32）
GapE × FDE × West	0.0981 *** （3.92）	0.11 *** （4.07）	0.1632 ** （2.31）
GapR × FDE × West	－0.0198 （0.88）	－0.0073 （－0.30）	－0.0489 ** （－2.30）
GapE × CMS	－0.0086 （－0.30）	0.0302 （1.02）	0.1466 ** （2.25）
GapR × CMS	－0.0457 * （－1.67）	0.0062 （0.22）	－0.0964 *** （－4.28）
GapE × FDA	－0.0763 *** （－9.44）	－0.0769 *** （－9.01）	－0.0639 *** （－4.07）
GapR × FDA	0.0101 ** （2.04）	0.0106 ** （2.08）	0.013 *** （3.09）
Year2008	－0.0002 （－1.01）	－0.0002 （－0.99）	0.0001 （0.45）
Year2009	0.0011 *** （3.98）	0.001 *** （3.91）	0.0011 *** （5.64）
常数项	0.0006 *** （4.97）	0.0017 *** （8.00）	0.0007 *** （3.60）

	（1）	（2）	（3）
回归方法	OLS	FE	SYS – GMM
样本数量	480	480	480
Prob > F	0.000	0.000	0.000
AR（1）			0.008
AR（2）			0.074
Hansen 检验			0.843
工具变量数			47

注：1. 括号中数值是 t 统计量；

2. ***、**、* 分别表示表示在 1%、5% 和 10% 水平上显著；

3. R&D_1、GapE、GapR 是内生变量，其余是外生变量；

4. OLS、FE、SYS – GMM 分别为混合回归、固定效应、系统广义矩估计；

5. 第（3）列中，对内生变量滞后三期并用了 collapse，对于因变量的一阶滞后用了滞后五期。

估计结果表明，金融发展对研发强度与经济周期之间关联关系的影响存在显著区域性差异。如表 3、表 4 第（3）列所示，东部区域金融效率指标与两个经济周期指标交互项系数的总和值（即 GapE × FDE × East 与 GapR × FDE × East 系数的总和值）为 0.1378，高于中部、西部区域的 0.1234 与 0.1143；同时，中部区域信贷期限结构指标与两个经济周期指标交互项系数的总和值为 0.025，远远高于其他区域。这表明随着金融效率提高，经济波动对东部区域研发强度的负效应会被大幅降低，而中部、西部区域该负效应的降幅相对较小；同时，随着信贷期限结构改善，中部区域该负效应的降幅最大，其余区域的降幅有限。

分周期阶段来看，第一，金融效率提高会大幅降低东部区域研发强度对经济扩张的负向反应力度，而其对中、西部区域研发强度的负向反应力度降低作用有限，这是区域金融发展水平固有差异导致的结果。由于区位优势与国家政策倾斜，东部区域现已建立了较为发达的金融体系，资金配置更具效率，信贷资源能被高效地配置到研发活动进而为其提供有力的融资支持，有效推动研发投入在经济扩张期大幅提升；相反，中部、西部区域金融发展更为滞后，资金配置效率偏低，导致流入研发活动的信贷资源相对有限。

表 6 – 9 分区域对信贷期限结构指标考察的结果

	（1）	（2）	（3）
回归方法	OLS	FE	SYS – GMM
R&D_1	0.0207 *** （153.61）	– 0.0841 *** （52.89）	0.0139 *** （120.28）
GapE	0.0087 （0.40）	– 0.0179 （– 0.73）	– 0.1081 ** （– 2.06）
GapR	0.1002 （0.58）	– 0.0211 （– 1.13）	0.0839 *** （4.40）
GapE × FDE	0.1026 *** （4.26）	0.104 *** （3.93）	0.1842 ** （2.15）
GapR × FDE	– 0.0185 （– 0.86）	– 0.0122 （– 0.54）	– 0.0608 *** （– 2.37）
GapE × CMS × East	– 0.0013 （– 0.04）	0.0243 （0.75）	0.1315 ** （2.10）
GapR × CMS × East	– 0.0467 （– 1.49）	– 0.0123 （– 0.37）	– 0.1267 *** （– 4.07）
GapE × CMS × Middle	– 0.0162 （– 0.51）	0.0402 （1.19）	0.1489 * （2.16）
GapR × CMS × Middle	– 0.0344 （– 1.16）	0.0314 （1.00）	– 0.1239 *** （– 4.85）
GapE × CMS × West	– 0.0088 （– 0.33）	0.0448 （1.64）	0.1233 ** （2.54）
GapR × CMS × West	– 0.0456 * （– 1.82）	0.0163 （0.62）	– 0.1156 *** （– 4.52）

续表

	（1）	（2）	（3）
回归方法	OLS	FE	SYS - GMM
GapE × FDA	-0.0711^{***} （-7.99）	-0.0661^{***} （-6.86）	-0.0731^{***} （-3.38）
GapR × FDA	0.0107^{*} （1.95）	0.0146^{**} （2.52）	0.0056 （1.18）
Year2008	-0.0002 （-0.99）	-0.0002 （-0.90）	0.0001 （0.42）
Year2009	0.001^{***} （3.92）	0.001^{***} （3.90）	0.0011^{***} （5.48）
常数项	0.0006^{***} （5.09）	0.0017^{***} （8.26）	0.0006^{***} （3.24）
样本数量	480	480	480
Prob > F	0.000	0.000	0.000
AR（1）			0.006
AR（2）			0.080
Hansen 检验			0.831
工具变量数			47

注：1. 括号中数值是 t 统计量；

2. ***、**、* 分别表示表示在1%、5%和10%水平上显著；

3. R&D_1、GapE、GapR 是内生变量，其余是外生变量；

4. OLS、FE、SYS - GMM 分别为混合回归、固定效应、系统广义矩估计；

5. 第（3）列中，对内生变量滞后三期并用了 collapse，对于因变量的一阶滞后用了滞后五期。

第二，随着信贷期限结构改善，各区域研发强度对经济扩张的负向反应力度均出现下降，但西部区域的降幅最小，原因是：为缩小地区经济发展水平差距，西部区域长期利用巨额中长期政策性贷款拉动经济增长，信贷投向市场化水平偏低，导致流入研发活动的中长期贷款有限，弱化了信贷期限结构改善对研发活动的融资支持作用。值得注意的是，相对于其他区域，金融效率提高与信贷期限结构改善更大幅度地削弱了东部区域研发强度对经济紧缩的正向反应，极大地限制两者对该区域负效应的降低作用。可见，要有效规避上述负效应、进而促进研发强度持续稳定提升，应将东部区域作为政策调控重点。本书还分区域考察了金融规模扩张对研发强度周期特征的影响，如表 6 - 10 第（3）列估计结果所示。

表 6 - 10　　　　　　　　　分区域对金融规模指标考察的结果

	（1）	（2）	（3）
回归方法	OLS	FE	SYS - GMM
R&D_1	0.021 *** （152.48）	- 0.0821 *** （53.31）	0.0143 *** （128.06）
GapE	0.0078 （0.34）	- 0.0148 （- 0.58）	- 0.118 ** （- 2.03）
GapR	0.0132 （0.75）	- 0.0176 （- 0.93）	0.0922 *** （4.14）
GapE × FDE	- 0.0156 （- 0.54）	0.0253 （0.85）	0.2036 ** （2.14）
GapR × FDE	- 0.0389 （- 1.43）	0.0131 （0.46）	- 0.0611 ** （- 2.15）
GapE × CMS	0.1036 *** （4.30）	0.0955 *** （3.57）	0.1356 ** （2.24）
GapR × CMS	- 0.0214 （- 1.01）	- 0.0228 （- 1.01）	- 0.1284 *** （- 4.57）
GapE × FDA × East	- 0.0676 *** （- 8.38）	- 0.0674 *** （- 7.92）	- 0.0755 *** （- 5.03）
GapR × FDA × East	0.0087 * （1.78）	0.0101 ** （2.00）	0.0012 （0.24）
GapE × FDA × Middle	- 0.0698 *** （- 4.66）	- 0.0579 *** （- 3.28）	- 0.0693 （- 1.59）

	（1）	（2）	（3）
回归方法	OLS	FE	SYS - GMM
GapR × FDA × Middle	0.0087 （0.91）	0.0195 * （1.70）	− 0.0057 （− 0.51）
GapE × FDA × West	− 0.0648 *** （− 5.50）	− 0.0496 *** （− 3.67）	− 0.0744 *** （− 2.98）
GapR × FDA × West	0.0059 （0.71）	0.0195 ** （2.00）	0.0067 （0.64）
Year2008	− 0.0002 （− 0.97）	− 0.0002 （− 0.88）	0.0001 （0.41）
Year2009	0.001 *** （3.82）	0.001 *** （3.79）	0.0011 *** （5.22）
常数项	0.0006 *** （5.01）	0.0017 *** （8.11）	0.0006 *** （3.25）
样本数量	480	480	480
Prob > F	0.000	0.000	0.000
AR（1）			0.006
AR（2）			0.111
Hansen 检验			0.870
工具变量数			47

注：1. 括号中数值是 t 统计量；

2. ***、**、* 分别表示表示在 1%、5% 和 10% 水平上显著；

3. R&D_1、GapE、GapR 是内生变量，其余是外生变量；

4. OLS、FE、SYS - GMM 分别为混合回归、固定效应、系统广义矩估计；

5. 第（3）列中，对内生变量滞后三期并用了 collapse，对于因变量的一阶滞后用了滞后五期。

中部区域虚拟变量、金融规模与扩张期经济周期指标三者交互项并不显著，实际上，金融规模扩张大幅提高了东部、西部区域研发强度对经济扩张的负向反应力度，从而会使得经济波动对两区域研发强度产生更强负效应。如前述讨论，这是由于金融规模过度扩张使得金融体系过度追求短期投机盈利而忽略创新投入。根据本书计算，样本期内东部、

西部区域金融机构年末贷款余额在 GDP 中占比的均值分别达到
125.31% 与 114.78%，远远高于中部区域的 90.1%，因此，过高的金
融扩张程度使得上述现象在东部、西部区域更加突出。

3. 稳健性检验

为了再次验证本书估计结果的稳健性，作者调整了样本数据结构，
选取 2001 ~ 2014 年中国 27 个制造业行业大中型工业企业面板数据替
代上文回归分析所使用的 30 个省区市面板数据，同时，替换核心变量
度量方法，利用大中型工业企业主营业务收入构造工业经济周期指
标，并舍弃用来控制金融危机影响的年度虚拟变量，重新估计计量模
型（6 - 1）。

稳健性检验结果如表 6 - 11 所示，不难发现，第（3）列估计结果
是稳健可靠的。估计结果表明，金融效率、信贷期限结构指标与两个新
构造的工业经济周期指标交互项系数的总和值依然为正，表明两者有助
于减少持续经济波动对我国大中型工业企业研发强度所产生的负效应，
其中，金融效率提高的作用更大，相反，金融规模扩张将加剧该负效
应。各变量系数与利用我国 30 个省区市面板数据的估计结果相比，变
化不大，再次证明本书的估计结果是稳健可靠的。

表 6 - 11　　　　　　　　　　稳健性检验结果

	（1）	（2）	（3）
回归方法	OLS	FE	SYS - GMM
R&Dcom_1	- 0.0131 *** （75.54）	- 0.2474 *** （21.37）	- 0.0553 *** （91.39）
GapE	- 0.0092 （- 0.20）	- 0.0591 （- 1.26）	- 0.0793 ** （- 2.38）
GapR	0.0973 *** （2.75）	0.0486 （1.40）	0.0642 *** （8.32）
GapE × FDE	0.0417 （0.44）	0.0846 （0.90）	0.1563 ** （2.70）

续表

	（1）	（2）	（3）
回归方法	OLS	FE	SYS – GMM
GapR × FDE	− 0. 2129 （ − 2. 48）	− 0. 197 ** （ − 2. 36）	− 0. 1237 *** （ − 4. 23）
GapE × CMS	0. 0314 * （1. 72）	0. 0515 *** （2. 82）	0. 0361 ** （2. 41）
GapR × CMS	− 0. 0359 （ − 1. 08）	− 0. 0439 （ − 1. 35）	− 0. 0254 * （ − 1. 88）
GapE × FDA	− 0. 01275 （ − 1. 25）	− 0. 0079 （ − 0. 79）	− 0. 0133 *** （ − 3. 20）
GapR × FDA	0. 0176 （0. 91）	0. 0334 * （1. 78）	0. 0089 （1. 14）
常数项	0. 0004 ** （2. 47）	0. 0009 *** （2. 65）	0. 0007 *** （8. 41）
样本数量	351	351	351
Prob > F	0. 000	0. 000	0. 000
AR（1）			0. 006
AR（2）			0. 832
Hansen 检验			0. 567
工具变量数			35

注：1. 括号中数值是 t 统计量；

2. ***、**、* 分别表示表示在1%、5%和10%水平上显著；

3. R&Dcom_1、GapE、GapR 是内生变量，其余是外生变量；

4. OLS、FE、SYS – GMM 分别为混合回归、固定效应、系统广义矩估计；

5. 第（3）列中，对内生变量滞后两期并用了 collapse，对于因变量的一阶滞后用了滞后四期；

6. 为统一起见，两个工业经济周期指标仍然使用 GapE 与 GapR 表示。

6.2.3 估计结果的讨论

如前文所述，经济紧缩期，金融效率提高与信贷期限结构改善可增加经济主体外部资金供给，进而理应增强研发强度对经济紧缩的正向反应力度，但本书实证分析得出相反结论，事实上两者减弱了研发强度对经济紧缩的正向反应，且后者的减弱作用更强，本书认为该结果主要由以下几方面原因所致：

第一，长期以来，我国构建了以政府为主导的创新体系，研发投入依靠政府创新政策推动而非市场需求拉动（孙玉涛和苏敬勤，2012），经济主体研发投入动力不足，因此，外部资金可得性提高并不能激励经济主体在资金更为稀缺的经济紧缩期大幅增加研发投入。第二，经济紧缩时，经济主体倾向于将有限金融资源投入经济增长效应更为强劲的固定资产投资（郭庆旺和赵旭杰，2012），迅速刺激增长以扭转颓势，虽然此时外部资金供给因金融发展而得到提高，但大量金融资源流入了固定资产投资领域，挤占研发投入所需金融资本并迅速拉高经济总量，对研发强度产生下行压力，从而减弱了研发强度对经济紧缩的正向反应。实际上，金融效率提高与信贷期限结构改善更大程度地支持了固定资产投资，并非研发活动，产生固定资产投资对研发投入的挤占效应（郝颖和刘星，2009）。第三，信贷期限结构指标核算中包含大量国有部门贷款，在 GDP 竞争动机下，地方政府将干预国有部门加强固定资产投资，削减创新投入（赵静和郝颖，2013），该动机在经济紧缩期更强，进而加剧了固定资产投资对研发投入的挤占，导致信贷期限结构改善会更大程度地削弱研发强度对经济紧缩的正向反应。

本书分析了全社会固定资产投资、研发投入与经济周期的相对走势[①]。如图 6-9 所示（左纵轴标记固定资产投资与研发经费支出增长率，右纵轴标记产出缺口），2002 年后全社会固定资产投资呈现出显著的逆周期特征，尤其在 2009 年，我国经济受金融危机影响跌入谷底时，固定资产投资却大幅提高，增长率达到 1998 年以来的最高点 29.95%，而 2011 年当我国经济处于波峰时，固定资产投资增长率却跌到仅有 11.99%，此后，2013 年我国经济再次陷入谷底，固定资产投资增长率

[①] 由于我国统计资料未对银行贷款投向进行统计，本书对固定资产投资、研发投入在经济周期不同阶段的变化进行分析，从经济主体投资行为决策的角度来说明其资金使用意图。

又回到高位的 19.32% 。从图 6 – 9 还可以发现，我国经济历次处于谷底时，固定资产投资增长率均高于研发投入增长率。这表明，经济主体倾向于在经济紧缩期加大固定资产投资，大量金融资源流入该领域，挤占研发投入所需资金，而进入研发活动的金融资源相对有限。

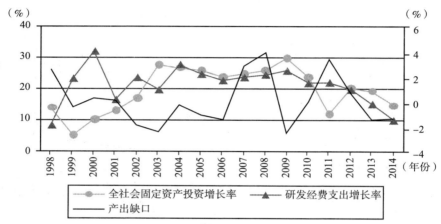

图 6 – 9　固定资产投资、研发投入与产出缺口协动图

资料来源：历年《中国科技统计年鉴》《中国统计年鉴》。

分区域考察发现，金融效率提高与信贷期限结构改善会更大程度地减弱东部区域研发强度对经济紧缩的正向反应力度，结合前述讨论本书认为，这表明东部区域固定资产投资对研发投入的挤占效应较其他区域更强，从而使得上述现象在该区域更加突出。东部区域作为中国经济发展的前沿阵地，长期发挥对中、西部区域经济的带动作用与示范作用，因此经济下行时，地方政府与经济主体通过加大固定资产投资促进短期增长的动机也更强。本书观察了各区域固定资产投资在经济周期各阶段的变动，如图 6 – 10 所示（左纵轴标记固定资产投资增幅，右纵轴标记产出缺口）。不难发现，样本期内我国经济历次处于紧缩期时，东部区域固定资产投资增幅均高于其他区域，大幅增加固定资产投资将挤占更多研发投入所需金融资源，从而加剧了固定资产投资对研发投入的挤占效应。

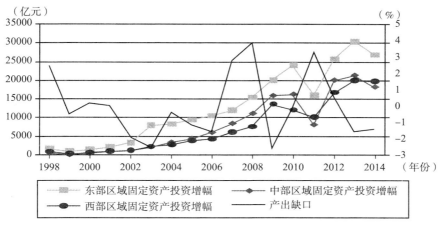

图 6 – 10　各区域固定资产投资增幅与产出缺口协动图

资料来源：历年《中国科技统计年鉴》《中国统计年鉴》。

6.3　本　章　小　结

前文实证分析发现，我国研发强度逆周期变动，且持续的经济波动对我国研发强度有负效应，原因是我国金融发展程度相对较低，经济主体面临较强融资约束。鉴于此，本章在回顾我国金融改革历程与进入改革深化期后金融发展特征与困境的基础上，合理选择金融发展指标，利用中国 30 个省区市的面板数据与系统广义矩方法从金融效率、信贷期限结构和金融规模三个维度考察金融发展对研发强度周期特征的影响，从金融发展视角揭示了研发强度的稳提升路径。研究发现：

第一，我国研发强度对经济扩张的负向反应力度显著强于对经济紧缩的正向反应力度，在长期中，持续的经济波动对研发强度有负效应。金融效率提高与信贷期限结构改善可平滑研发强度对经济周期的反应并有助于降低该负效应，规避宏观经济波动对提高研发强度形成的阻碍，有利于研发强度持续稳定提升，其中，前者的作用更强。

第二，金融发展对研发强度与经济周期之间关联关系的影响存在阶段性、区域性差异。分周期阶段来看，金融效率提高与信贷期限结构改善不仅可显著降低研发强度对经济扩张的负向反应力度，同时还减弱了研发强度对经济紧缩的正向反应，使得两者对上述负效应的降低作用比较有限，这主要是因为：经济下行时经济主体偏好于加大固定资产投资以迅速刺激经济增长，产生固定资产投资对研发投入的挤占效应。实际上，金融效率提高与信贷期限结构改善在经济紧缩期更大程度地支持了固定资产投资，而非研发活动；分区域考察后发现，该挤占效应在东部区域更强，进而使得上述现象在该区域最突出。另外，总体上，金融效率提高更有利于降低持续经济波动对东部区域研发强度产生的负效应，而信贷期限结构改善更有利于降低持续经济波动对中部区域研发强度产生的负效应。

第三，本书还发现，金融规模增大将加强研发强度对经济扩张的负向反应，从而加剧上述负效应，该现象在东部、西部区域尤为突出，这是因为当前我国金融规模过度扩张，致使金融体系过度追求短期投机盈利而忽略创新投入。

总体来说，金融发展对研发强度周期特征的影响存在显著阶段性及区域性差异，因此，要有效发挥金融发展对研发活动的融资支持作用，进而规避持续经济波动对研发强度所产生的负效应，促进研发强度持续稳定提升进而加快实现创新驱动发展战略目标，我国金融体系应"重效率、调结构、轻规模"，并着力规避固定资产投资对研发投入的挤占效应，最终形成适应经济周期阶段特征与区域特征的科技金融政策体系。

第 7 章

金融发展对我国研发强度的
阶段性非对称影响

    本书研究表明，金融发展对研发强度周期特征的影响存在显著阶段性差异，原因是金融发展在不同经济周期阶段对研发活动的融资支持作用及创新促进作用存在显著不同。本章内容将进一步分析金融发展对研发强度的阶段性非对称影响，为研发强度稳提升的政策制定提供理论及事实依据。

    长期以来，金融发展对研发投入的促进作用已被大量国内外研究反复证实，但其在经济周期不同阶段对研发强度产生的非对称影响尚未引起国内学者足够重视，以致意在支持创新投入的科技金融政策未能根据宏观经济所处周期阶段进行优化，大大削弱金融手段对研发强度的提高作用。目前，我国正处于创新驱动发展战略深入实施阶段，促进金融体系支持科技创新、持续提高研发强度是增强自主创新能力、强化经济长期增长动力的前提要求和根本保障，若忽视金融发展对研发强度产生的阶段性非对称影响，可能将延缓我国提高研发强度的进程并阻碍创新驱动发展战略实施。

    已有诸多研究表明，研发活动存在严重的不确定性与信息不对称问题，经济主体研发投入决策受制于融资约束（Himmelberg & Petersen，

1998；Czarnitzki & Hottenrott，2011；张杰等，2012；孙晓华等，2015），缺乏有效融资体系支撑时，研发活动受现金流冲击而中断甚至失败的可能性较高（Aghion et al.，2010；康志勇，2013），打击经济主体研发投入积极性并限制其研发投入水平。金融发展可通过拓宽外部融资渠道及降低信息不对称程度等途径缓解经济主体所面临的融资约束，促进研发投入。具体而言，第一，随着金融发展程度提高，金融体系动员社会储蓄时因双边契约问题所引致的交易成本与信息成本不断降低（方圆，2013），有利于高效汇集巨额金融资本，扩大金融规模，拓宽研发活动外部融资来源。第二，金融发展将降低信息获取与处理成本（Demirguc－Kunt & Maksimovic，1998；沈红波等，2011），一方面可使金融机构更高效、更公平地对企业及研发项目进行评估与甄别，进而以合理价格向其提供信贷支持，提高金融体系资金配置效率，降低经济主体融资成本并增加其信贷可得性（余明贵和潘红波，2008）；另一方面，这有这也有助于减弱金融机构依赖短期贷款解决信息不对称及契约不完全性问题的动机，激励其为经济主体提供更多中长期贷款（Diamond，2004；Agca et al.，2015），中长期贷款份额的提高会解决研发活动长周期资金缺口难题。基于此，大量研究利用省际或微观企业面板数据验证了我国金融发展对经济主体面临融资约束的缓解作用及对企业研发投入的促进作用（谢维敏和方红星，2011；戴小勇和成力为，2015；钱水土和张宇，2017），研究结论均证实上述作用机理真实且有效，但是此类研究忽略了金融发展在不同经济周期阶段对研发强度产生的影响是否存在差异。

总体而言，金融发展可提高经济主体外部资金可得性，放松融资约束对研发投入产生的限制。然而，经济主体在经济发展不同周期阶段面临不同宏观经济环境（潜力和胡援成，2015），并据此将有限金融资源在研发活动与其他投资活动间进行配置（Walde，2002；文武等，2015），其中，前者增强经济长期增长动力但并不显著刺激当期经济增长，后者迅速刺激经济增长并可能争夺研发投入所需金融资本，因此，金融发展并不必然在经济周期各阶段均有效发挥对研发活动的融资支持作用，进而促进研发强度（研发投入在 GDP 中所占份额）提高。鉴于此，本章将考察金融发展对我国研发强度的阶段性非对称影响，讨论其成因及对创新驱动发展战略的政策启示。根据研究需要，作者在计量模型中引入扩张期和紧缩期两个周期阶段虚拟变量，并对东部、中部与西部区域的现实情况分别进行考察。相对于已有研究，作者将金融发展的创新促进作用考察拓展到两阶段，通过揭示其阶段性差异与成因，便于据此形成匹配经济周期阶段特征的动态科技金融政策体系，提高金融手段的创新支持效果，从而为研发活动提供持续有效的融资支持。

7.1 研 究 设 计

7.1.1 计 量 模 型 建 立

为区分不同经济周期阶段考察金融发展对我国研发强度的非对称影响，本书在计量模型中引入"扩张期"和"紧缩期"两个周期阶段虚拟变量，并参考安德森和尼尔森（2007）、方红生和张军（2009）的做法建立如下计量模型：

$$R\&D_{it} = \alpha + \beta_1 R\&D_{it-1} + \beta_2 FD_{it} \times Ex_{it} + \beta_3 FD_{it} \times Re_{it} + \beta_4 Control_{it} + \varepsilon_{it}$$

$$(7-1)$$

其中，$R\&D_{it}$ 表示 i 地区 t 时期的研发强度，FD_{it} 衡量 i 地区 t 时期金融发展水平，Ex_{it} 和 Re_{it} 为周期阶段虚拟变量，分别表示扩张期和紧缩期，定义是：当宏观经济处于扩张期时，$Ex_{it} = 1$ 且 $Re_{it} = 0$；当宏观经济处于紧缩期时，$Ex_{it} = 0$ 且 $Re_{it} = 1$。$Control_{it}$ 是其他控制变量，包括人力资本水平 H_{it}、政府支持程度 GOV_{it}、对外开放程度 $OPEN_{it}$、经济发展水平 DEV_{it} 以及用来控制美国金融危机影响的两个年度虚拟变量 Year2008 与 Year2009。ε_{it} 是随机误差项。

7.1.2　经济周期阶段的识别

本书利用产出缺口（实际产出与潜在产出的差额在潜在产出中所占比重）对经济周期阶段加以识别。估算产出缺口首先需准确测算潜在产出，潜在产出的测算方法主要分为两大类，即"经济结构关系法"和"消除趋势法"。其中，前者联系各变量经济关系，基于要素投入产出理论，剥离结构性、周期性因素对产出的影响。这种方法测算结果严重依赖参数设定，人为因素影响过大。后者利用平滑工具将时间序列分解为长期趋势成分与周期性成分，简便易用，其中，HP 滤波因其可对实际产出趋势进行较为合理描述且不损失观测值的优势，得到广泛应用。根据此方法，本书通过最小化（T 为样本期）：

$$\sum_{t=1}^{T}(\ln Y_t - \ln Y_t^*)^2 + \lambda \sum_{t=2}^{T-1}\left[(\ln Y_{t+1}^* - \ln Y_t^*) - (\ln Y_t^* - \ln Y_{t-1}^*)\right]^2$$

$$(7-2)$$

将实际产出 Y_t 分解为长期趋势成分 Y_t^*（潜在产出）与周期性成分 $Gap_t\left(Gap_t = \ln Y_t - \ln Y_t^* = \dfrac{(Y_t - Y_t^*)}{Y_t^*}\right)$，后者为产出缺口。估算过程中，为更好地捕捉经济波动特征，本书令平滑参数 λ 取值 6.25，利用式（7-2）得到 30 个省区市各年产出缺口 Gap_t，据此判断宏观经济所处周期阶段并对计量模型中两个周期阶段虚拟变量分别赋值。判断标准是：若 $Gap_t > 0$，则表明宏观经济处于扩张期，若 $Gap_t < 0$，则宏观经济处于紧缩期。

7.1.3　金融发展指标与其他控制变量选取

根据国内外学者普遍做法及我国中介主导的金融体系特征，并结合金融发展影响研发投入的作用机理，本章仍然利用金融效率、信贷期限结构与金融规模三个指标度量各省市金融发展水平。其中，利用非国有部门贷款占金融机构年末存款余额比重（简称为非国有部门信贷比）衡量金融效率 FDE；利用金融机构中长期贷款额占年末贷款余额比重（简称为中长期贷款份额）衡量信贷期限结构 FDS；利用金融机构年末贷款余额占 GDP 比重度量金融规模 FDA。由于我国统计资料未区分企业所有制统计地区贷款，因此依然借鉴张军等（2007）的思路估算非国有部门信贷比。具体方法是，估计计量模型：$Loan_{it} = \alpha + \beta soe_{it} + \eta_i + \gamma_{it}$，其中，$Loan_{it}$ 是金融机构年末存贷款余额比，soe_{it} 是国有部门固定资产投资在社会固定资产投资总额中所占比重，βsoe_{it} 即为国有部门贷款在金融机构存款总额中所占比重，剩余部分则是非国有部门信贷比。其余控制变量选取方法如下：

（1）人力资本水平 H。人力资本是研发活动的关键要素，且拥有较高教育水平的劳动者更具创新精神（Koellinger，2008），因此，本书在计量模型中引入人力资本作为控制变量，鉴于数据可得性问题，本书借鉴陈钊等（2004）的研究，利用平均受教育年限度量各地区人力资本水平，具体方法见本书上文所述。

（2）政府支持程度 GOV。政府支持一方面降低研发项目成本和风险，缩小私人收益与社会收益之间的差距，鼓励研发投入（Yager，1997），但另一方面，可能扭曲资源配置，挤出研发投入（康志勇，2013）。学者们通常利用科技活动经费筹集总额中政府资金占比来衡量政府支持程度，但 2010 年后《中国科技统计年鉴》等资料停止统计此项数据，为了保证数据连续性与统计口径一致，本书利用大中型工业企业科技活动经费中政府投入金额占企业研发经费内部支出比重作为替代指标。

（3）贸易开放程度 OPEN。从事进出口贸易的企业与国内企业相比进行研发活动的概率更高，同时，贸易开放带来的竞争效应将迫使本国企业加大研发强度以增强自身竞争力，因此，本书将贸易开放程度作为控制变量引入计量模型，参照陈福中和陈诚（2013）的研究，使用进出口总额占 GDP 比重来衡量其变化。

（4）经济发展水平 DEV。其他影响研发强度的变量，诸如知识产权保护程度、对研发活动的重视程度等因素都与地区经济发展水平密切相关，且大量研究证实经济发展水平高的地区研发投入水平也越高。因此，本书将经济发展水平引入计量模型，使用地区人均收入增长率来衡量。

7.1.4　数据说明及变量描述

鉴于数据完整性及可得性，本书选取 1998～2014 年中国 30 个省区市（西藏数据缺失严重，予以剔除）的面板数据估计计量模型。各地区生产总值、固定资产投资、各阶段受教育人口数量等数据来源于历年《中国统计年鉴》；各地区、大中型工业企业研发经费内部支出与政府科技活动经费支出等数据来源于历年《中国科技统计年鉴》与《工业企业科技活动统计年鉴》；各地区金融机构年末存款、贷款余额、中长期贷款余额等数据来源于历年《中国金融年鉴》。各主要变量含义及其描述性统计如表 7-1 所示。

表 7-1　　　　　　　　　　各变量含义及描述性统计

变量	名称	含义	样本数	均值	标准差	最小值	最大值
R&D	研发强度	研发经费内部支出/地区 GDP	510	0.0118	0.011	0.0008	0.0741
Ex	扩张期周期阶段虚拟变量	若 $Gap_{it} > 0$，则 $Ex_{it} = 1$，否则 $Ex_{it} = 0$	510	0.5118	0.5004	0	1
Re	紧缩期周期阶段虚拟变量	若 $Gap_{it} < 0$，则 $Re_{it} = 1$，否则 $Re_{it} = 0$	510	0.4883	0.5004	0	1
FDE	金融效率	非国有部门贷款额/金融机构年存款	510	0.5121	0.1341	0.0536	1.0544
FDS	信贷期限结构	中长期贷款额/金融机构年末贷款余额	510	0.4697	0.1619	0.1113	0.8219
FDA	金融规模	金融机构年末贷款余额/地区 GDP	510	1.1206	0.3895	0.5528	3.2917

续表

变量	名称	含义	样本数	均值	标准差	最小值	最大值
H	人力资本水平	人均受教育年限	510	8.2444	1.0579	4.9062	12.0284
GOV	政府支持程度	大中型企业科技活动经费中政府投入金额/大中型工业企业研发经费内部支出	510	0.4296	1.1126	0.0021	11.0999
OPEN	贸易开放程度	进出口总额/地区GDP	510	0.3264	0.4191	0.0317	1.8429
DEV	经济发展水平	人均收入增长率	510	0.1363	0.0701	-0.0368	0.5607

资料来源：本书计算所得。

7.1.5　估计方法

计量模型中研发强度、人力资本水平与经济发展水平之间有反向因果关系，会产生内生性问题，对此本书采用动态面板数据与系统广义矩估计（SYS-GMM）方法进行处理。估计过程中，为保证估计结果稳健性，本书对工具变量有效性进行 Hansen 过度识别约束检验，对随机误差项的二阶序列相关进行 Aerllano-Bond 检验，遵循邦德（2002）提出的原则：若滞后项 SYS-GMM 估计值介于混合 OLS 和固定效应估计值之间，则 SYS-GMM 估计结果是可靠有效的。此外，适当放松拇指规则。拇指规则要求工具变量数小于截面数，但本章所使用面板数据时间跨度较长，变量较多，在确保工具变量有效的前提下无法使工具变量数小于截面数。

7.2　实证结果与分析

7.2.1　总体样本估计结果

本书对计量模型中各变量进行了平稳性检验，结果显示各变量均平稳，随后利用 SYS – GMM、混合 OLS 与固定效应三种方法分两阶段估计计量模型，估计结果如表 7 – 2 所示。根据上文讨论，本书认为表 7 – 2 第（3）列与第（6）列 SYS – GMM 估计结果是稳健可靠的，理由是：①Hansen 检验不能拒绝工具变量有效的原假设；②AR（2）检验不能拒绝一阶差分方程的随机误差项中不存在二阶序列相关的原假设；③第（3）列与第（6）列滞后项估计值介于 OLS 估计值与 FE 估计值之间；④工具变量数与截面数相比并不过大。下面根据第（3）列与第（6）列估计结果进行讨论。

表 7 – 2　　　　　　　　　　整体样本估计结果

	（1）	（2）	（3）	（4）	（5）	（6）
估计方法	OLS	FE	SYS – GMM	OLS	FE	SYS – GMM
R&D_1	0.9944 *** （108.44）	0.8801 *** （39.75）	0.9862 *** （49.27）	0.9614 *** （103.82）	0.8649 *** （39.56）	0.9458 *** （46.42）
FDE × Ex	0.0019 *** （4.10）	0.0019 *** （3.43）	0.0017 *** （5.20）			
FDS × Ex	0.0005 （0.89）	0.0011 * （1.67）	0.0011 ** （2.35）			
FDA × Ex	− 0.0004 *** （− 3.98）	− 0.0005 *** （− 4.53）	− 0.0005 *** （− 9.00）			
FDE × Re				− 0.0011 ** （− 2.16）	− 0.0024 *** （− 4.38）	− 0.0014 ** （− 4.68）
FDS × Re				− 0.0017 *** （− 2.39）	− 0.0011 （− 1.62）	− 0.0017 *** （− 4.71）
FDA × Re				0.0004 *** （4.93）	0.0005 *** （6.17）	0.0005 *** （7.97）
H	− 0.0001 （− 1.01）	0.0002 （1.02）	− 0.0002 （− 1.59）	0.0000 （0.33）	0.0004 ** （2.50）	0.0001 （0.99）
GOV	− 0.0002 ** （− 2.55）	− 0.0003 *** （− 3.32）	− 0.0004 *** （− 5.78）	− 0.0002 *** （− 2.87）	− 0.0003 *** （− 2.93）	− 0.0003 *** （− 5.56）

续表

	（1）	（2）	（3）	（4）	（5）	（6）
估计方法	OLS	FE	SYS – GMM	OLS	FE	SYS – GMM
OPEN	0. 0009 *** （4. 47）	0. 0011 * （1. 93）	0. 0015 *** （5. 72）	0. 0006 *** （2. 88）	0. 0009 * （1. 69）	0. 0006 *** （3. 24）
DEV	– 0. 0096 *** （ – 9. 40）	– 0. 0098 *** （ – 9. 32）	– 0. 0089 *** （ – 8. 44）	– 0. 0089 *** （ – 9. 21）	– 0. 0093 *** （ – 9. 44）	– 0. 0064 *** （ – 6. 04）
Year2008	0. 0002 （0. 61）	0. 0001 （0. 39）	0. 0001 ** （1. 09）	0. 0002 （0. 73）	0. 0002 （0. 68）	0. 0001 （1. 16）
Year2009	0. 0009 *** （3. 71）	0. 001 *** （3. 91）	0. 0009 *** （10. 12）	0. 0011 *** （4. 01）	0. 0009 *** （3. 53）	0. 0011 *** （11. 55）
常数项	0. 0023 *** （3. 23）	0. 0065 *** （3. 91）	0. 0032 *** （3. 04）	0. 0019 *** （2. 73）	0. 0028 * （1. 71）	0. 0007 （0. 55）
样本数	480	480	480	480	480	480
AR（1）			0. 040			0. 042
AR（2）			0. 071			0. 077
Hansen 检验			0. 954			0. 992
工具变量数			46			45

注：1. 括号内数值是 t 统计量；

2. *** 、** 、* 分别表示表示变量在1%、5%和10%水平上显著；

3. R&D_1、H 与 DEV 是内生变量，其余是外生变量；

4. OLS 是最小二乘法，FE 是固定效应，SYS – GMM 是系统广义矩估计；

5. 为尽量减少工具变量数并保证工具变量有效性，第（3）和第（6）列中对内生变量分别滞后两期和一期并用了 collapse，对于因变量的一阶滞后用了滞后三期。

　　估计结果显示，金融发展对我国研发强度有显著的阶段性非对称影响：经济扩张期，非国有部门信贷比和中长期贷款份额各提高1个百分点，我国研发强度分别上升0.0017个与0.0011个百分点，而在经济紧缩期，非国有部门信贷比和中长期贷款份额各提高1个百分点，研发强度分别下降0.0014个和0.0017个百分点，这表明金融效率提高与信贷期限结构改善在经济扩张期可有效支持研发活动并促进研发强度提高，其中，前者作用更强，但在经济紧缩期，金融效率提高与信贷期限结构改善并未发挥对研发强度的提高作用，反而对其有显著负向影响，且后者负向影响力度更大。本书还发现，金融规模增大在经济扩张期不利于提高研发强度，而在经济紧缩期对研发强度的提高作用有限。由此可见，金融发展并非在经济周期各阶段均发挥对研发强度的提高作用，且金融体系各个维度发展对研发强度的影响也存在较大差异，因此，要有效发挥金融手段的创新促进作用，进而为研发活动提供持续有效的融资支持，须针对经济发展不同周期阶段合理定位科技金融政策。

此外，如前文所述，已有大量研究证实，金融规模扩张将进一步拓宽研发活动外部融资来源，理应在经济扩张期促进研发强度提高，但本章得出相反结论，这可能是因为当前我国金融规模过度扩张，致使金融体系过分追求资产泡沫化增值与短期投机盈利，忽略技术创新带来的长期经济增长（Beck et al.，2013；张晓朴和朱太辉，2014；王昱等，2017），加之经济扩张期短期投机预期收益（相对于研发活动）普遍大幅提高（Aghion et al.，2010；文武等，2015；欧阳敏，2011b），吸引大量资金流入此领域，迅速成倍拉动经济增长并争夺研发投资所需金融资本，最终导致研发投入在 GDP 中所占份额下降。

其他控制变量回归结果表明，第一，人力资本对我国研发强度无显著影响，原因可能是：人力资本对创新投入的影响存在门槛效应（孙健和齐建国，2009；杨俊等，2009），现阶段我国整体人力资本水平仍偏低，处于门槛值之下，无法有效发挥对研发强度的提高作用；第二，政府支持对研发强度有显著负向影响，表明政府过多干预研发活动已导致资源配置扭曲，对研发投入产生挤出效应（戴小勇，成力为，2014；刘锦和王学军，2014）；第三，贸易开放程度系数显著为正，符合"开放水平越高，贸易带来的技术外溢与竞争效应对研发投入促进作用越强"的理论预期（康志勇，2013）；第四，经济发展水平对研发强度有显著负向影响，说明我国研发投入增长速度落后于整体经济发展速度，过快经济增长导致研发投入在 GDP 中所占份额下降。第五，考虑到样本期内美国金融危机对中国实体经济产生的冲击，本书在计量模型中引入

Year2008 和 Year2009 两个年度虚拟变量。研究后发现金融危机在 2008 年对研发强度的影响并不显著，但在 2009 年对其有显著正向影响，与前文估计结果相同。

7.2.2　分区域考察

在对三大区域实际情况进行考察时，为避免分区域面板数据截面数小于时间跨度而不适用动态面板数据及 SYS - GMM 方法的弊端，本书参照前述方法，在计量模型中引入东部区域（East）、中部区域（Middle）和西部区域（West）三个区域虚拟变量，使用其与金融发展指标和周期阶段虚拟变量交互项相乘的形式分两阶段考察金融发展与区域性差异对研发强度的影响，计量模型估计结果如表 7 - 3 及表 7 - 4 所示，不难发现，各表第（3）、第（6）与第（9）列 SYS - GMM 估计结果是稳健可靠的。下面本书据此展开讨论。

如表 7 - 3 所示，经济扩张期，首先，金融效率增进对东部区域研发强度的提高作用较大，而对中部和西部区域各省市研发强度的提高作用相对有限，这是各区域金融发展水平固有差异导致的结果。由于国家政策倾斜与区位优势等原因，东部区域现已建立起较为发达的金融体系，资金配置更具效率，信贷资源能被高效地配置到研发领域；而中部和西部区域金融发展相对滞后，金融资源配置效率低，导致流入研发领域的信贷资金比较有限。其次，三大区域中，信贷期限结构改善对西部区域研发强度的促进作用最弱，原因是：为缩小地区经济发展水平差距，西部区域长期利用大量中长期政策性贷款拉动经济发展，信贷投向市场化水平偏低[①]，削弱了信贷期限结构改善对研发投入的促进作用。

---

① 根据樊纲等（2011）进行的核算，2007 ~ 2009 年我国西部区域信贷资金分配的市场化水平指数偏低，分别仅为 9.24、11.77 与 12.66，远远低于东部区域的 10.49、13.28 与 13.20，与本研究观点一致。

表 7 - 3　　分区域考察金融发展在经济扩张期对研发强度的影响

估计方法	(1) OLS	(2) FE	(3) SYS - GMM	(4) OLS	(5) FE	(6) SYS - GMM	(7) OLS	(8) FE	(9) SYS - GMM
R&D_1	0.9952*** (107.91)	0.8785*** (39.80)	0.9923*** (44.71)	0.9938*** (107.12)	0.88*** (39.51)	0.9819*** (55.75)	0.994*** (107.36)	0.8803*** (39.69)	0.962*** (72.33)
FDE × Ex × East	0.0021*** (4.25)	0.0025*** (.0025)	0.002*** (5.53)						
FDE × Ex × Middle	0.0015*** (2.91)	0.0012** (2.01)	0.0015*** (4.26)						
FDE × Ex × West	0.0018*** (2.81)	0.0021*** (2.89)	0.0012*** (3.28)						
FDS × Ex × East				0.0003 (0.36)	0.0013 (1.55)	0.0012* (1.92)			
FDS × Ex × Middle				0.0005 (0.73)	0.0009 (1.20)	0.0011** (2.08)			
FDS × Ex × West				0.0005 (0.84)	0.0011* (1.72)	0.0009** (2.22)			
FDA × Ex × East							-0.0004*** (-3.98)	-0.0005*** (-4.55)	-0.0006*** (-4.57)
FDA × Ex × Middle							-0.0004** (-2.49)	-0.0006*** (-3.18)	-0.0005*** (-3.32)

续表

估计方法	(1) OLS	(2) FE	(3) SYS-GMM	(4) OLS	(5) FE	(6) SYS-GMM	(7) OLS	(8) FE	(9) SYS-GMM
FDA×Ex×West							-0.0003*** (-2.57)	-0.0005*** (-2.84)	-0.0006*** (-3.82)
FDE×Ex				0.0019*** (4.01)	0.0019*** (3.42)	0.0015*** (4.93)	0.0019*** (4.01)	0.002*** (3.53)	0.0017*** (8.90)
FDS×Ex	0.0006 (0.90)	0.0012* (1.67)	0.001* (1.70)				0.0004 (0.56)	0.001 (1.38)	0.0013** (2.29)
FDA×Ex	-0.0004*** (-4.10)	-0.0005*** (-4.89)	-0.0004*** (-3.38)	-0.0004*** (-3.76)	-0.0005*** (-4.45)	-0.0004*** (-5.00)			
H	-0.0001 (-0.89)	0.0002 (1.03)	-0.0002 (-1.34)	-0.0001 (-0.92)	0.0001 (1.01)	-0.0002 (-1.59)	-0.0001 (-0.85)	0.0002 (1.06)	-0.0001 (-0.92)
GOV	-0.0002** (-2.39)	-0.0003*** (-3.30)	-0.0002*** (-5.65)	-0.0002*** (2.58)	-0.0003*** (-3.33)	-0.0003*** (-5.70)	-0.0002*** (-2.59)	-0.0003*** (-3.39)	-0.0002*** (-5.33)
OPEN	0.0008*** (3.86)	0.001* (1.79)	0.0011*** (5.03)	0.0009*** (4.35)	0.0011* (1.86)	0.0013*** (4.64)	0.0009*** (.4.30)	0.0011* (1.92)	0.0015*** (5.23)
DEV	-0.0095*** (-9.35)	-0.0097*** (-9.27)	-0.008*** (-9.64)	-0.0096*** (-9.40)	-0.0098*** (-9.30)	-0.0099*** (-9.70)	-0.0096*** (-9.38)	-0.0098*** (-9.28)	-0.0075*** (-7.71)
Year2008	0.0002 (0.63)	0.0001 (0.42)	0.0001 (1.21)	0.0002 (0.63)	0.0001 (0.38)	0.0002* (1.84)	0.00016 (0.63)	0.0001 (0.45)	-0.0001 (-0.27)

续表

估计方法	(1)	(2)	(3)	(4)	(5)	(6)	(7)	(8)	(9)
	OLS	FE	SYS – GMM	OLS	FE	SYS – GMM	OLS	FE	SYS – GMM
Year2009	0.0009*** (3.68)	0.001*** (3.91)	0.001*** (8.99)	0.0009*** (3.71)	0.001*** (3.89)	0.0014*** (11.83)	0.0009*** (3.70)	0.001*** (3.89)	0.001*** (8.67)
常数项	0.0023*** (3.15)	0.0068*** (4.04)	0.003*** (2.67)	0.0023*** (3.13)	0.0066*** (3.91)	0.0029*** (3.58)	0.0022*** (3.03)	0.0065*** (3.86)	0.0021*** (3.24)
样本数	480	480	480	480	480	480	480	480	480
AR(1)			0.039			0.038			0.040
AR(2)			0.082			0.075			0.082
Hansen检验			0.985			0.994			0.949
工具变量数			48			48			48

注: 1. R&D_1、H 与 DEV 是内生变量，其余是外生变量；
2. 为尽量减少工具变量数并保证工具变量的有效性，第 (3)、第 (6) 列和第 (9) 中，本书对内生变量滞后三期并用了 collapse，对于因变量的一阶滞后分别用了滞后两期、两期和三期；
3. 其余同表 7 - 2。

表7-4　分区域考察金融发展在经济紧缩期对研发强度的影响

估计方法	(1) OLS	(2) FE	(3) SYS-GMM	(4) OLS	(5) FE	(6) SYS-GMM	(7) OLS	(8) FE	(9) SYS-GMM
R&D_1	0.9601*** (102.16)	0.8652*** (39.71)	0.9342*** (45.85)	0.9601*** (102.24)	0.8646*** (39.46)	0.9335*** (47.10)	0.9627*** (102.44)	0.8649*** (39.53)	0.9443*** (22.43)
FDE×Re×East	-0.0014*** (-2.65)	-0.0031*** (-4.92)	-0.0023*** (-6.44)						
FDE×Re×Middle	-0.0007 (-1.23)	-0.0018*** (-2.82)	-0.0008** (-2.43)						
FDE×Re×West	-0.0012* (-1.97)	-0.0024*** (-3.53)	-0.0014*** (-4.61)						
FDS×Re×East				-0.0021*** (-2.86)	-0.0015* (-1.77)	-0.0027*** (-7.37)			
FDS×Re×Middle				-0.0013* (-1.79)	-0.0006 (-0.69)	-0.0014*** (-4.27)			
FDS×Re×West				-0.0019*** (-3.10)	-0.0013* (-1.90)	-0.0019*** (-7.18)			
FDA×Re×East							0.0004*** (4.93)	0.0006*** (6.19)	0.0005 (1.58)
FDA×Re×Middle							0.0005*** (3.68)	0.0007*** (4.30)	0.0006* (1.88)

估计方法	(1) OLS	(2) FE	(3) SYS-GMM	(4) OLS	(5) FE	(6) SYS-GMM	(7) OLS	(8) FE	(9) SYS-GMM
FDA×Re×West							0.0004*** (3.13)	0.0006*** (3.87)	0.0005 (1.60)
FDE×Re				-0.0011** (-2.28)	-0.0025*** (-4.46)	-0.0015*** (-5.12)	-0.0012** (-2.33)	-0.0026*** (-4.52)	-0.0012 (-1.06)
FDS×Re		-0.0013* (-1.86)	-0.002*** (-6.80)				-0.0016** (-2.44)	-0.001 (-1.43)	-0.0019** (-2.31)
FDA×Re	0.0005*** (5.10)	0.0006*** (6.51)	0.0006*** (12.11)	0.0005*** (5.13)	0.0006*** (6.17)	0.0006*** (10.80)			
H	0.0000 (0.20)	0.0004*** (2.67)	0.0002 (1.33)	0.0000 (0.21)	0.0004*** (2.59)	0.0002 (1.46)	-0.0000 (-0.05)	0.0004** (2.47)	0.0003 (0.76)
GOV	-0.0003*** (-2.98)	-0.0003*** (-2.95)	-0.0003*** (-5.12)	-0.0002*** (-2.90)	-0.0002*** (-2.87)	-0.0003*** (-5.18)	-0.0002*** (-2.92)	-0.0003*** (-2.96)	-0.0001* (-1.69)
OPEN	0.0007*** (3.22)	0.0008 (1.47)	0.0009*** (4.21)	0.0007*** (3.21)	0.0009 (1.58)	0.0008*** (4.23)	0.0006*** (2.71)	0.0009 (1.63)	0.0007** (2.07)
DEV	-0.0089*** (-9.15)	-0.0092*** (-9.23)	-0.0068*** (-5.75)	-0.0089*** (-9.14)	-0.0093*** (-9.33)	-0.0067*** (-6.01)	-0.0089*** (-9.17)	-0.0093*** (-9.36)	-0.0055*** (2.73)
Year2008	0.0002 (0.73)	0.0002 (0.72)	0.0001 (0.86)	0.0002 (0.75)	0.0002 (0.76)	0.0001 (0.76)	0.0002 (0.75)	0.0002 (0.74)	0.0001 (0.32)

续表

估计方法	(1)	(2)	(3)	(4)	(5)	(6)	(7)	(8)	(9)
	OLS	FE	SYS-GMM	OLS	FE	SYS-GMM	OLS	FE	SYS-GMM
Year2009	0.0011*** (4.03)	0.0009*** (3.59)	0.0012*** (10.22)	0.0011*** (4.03)	0.0009*** (3.52)	0.0012*** (10.27)	0.001*** (3.91)	0.0009*** (3.44)	0.0011*** (5.56)
常数项	0.002*** (2.69)	-0.0001 (-0.07)	0.0002 (0.19)	0.002*** (2.66)	0.0000 (0.01)	0.0001 (0.12)	0.0022*** (2.90)	0.0002 (0.13)	-0.0001 (-0.03)
样本数	480	480	480	480	480	480	480	480	480
AR(1)			0.043			0.042			0.047
AR(2)			0.088			0.082			0.093
Hansen 检验			0.995			0.995			0.995
工具变量数			47			47			48

注：1. R&D_1，H 与 DEV 是内生变量，其余是外生变量；
2. 为尽量减少工具变量数并保证工具变量有效性，第（3）、第（6）列第（9）中，本书对内生变量滞后三期并用了 collapse，对于因变量的一阶滞后用了滞后一期，一期和三期；
3. 其余同表 7 - 2。

最后，估计结果还表明，相对于中部区域，金融规模扩张对东部和西部区域研发强度的负向影响力度更大，这是两区域金融规模过度扩张幅度更高可以解释的结果。根据本书计算，样本期内东部与西部区域各省市金融机构年末贷款余额占 GDP 比重的均值分别为 125.31% 与 114.78%，远远高于中部区域的 90.1%，过高的金融扩张程度，使得东部、西部区域经济主体强烈追逐短期投机赢利，金融规模进一步扩张带来的金融资源过多流入此领域，迅速拉高经济总量并强力争夺研发投资所需金融资本，对研发强度产生更大下行压力。

分区域考察金融发展在经济紧缩期对研发强度产生的影响后发现（如表 7-4 所示），一方面，从整体看，相对于金融效率提高，信贷期限结构改善对各区域研发强度的负向影响力度均更大，与本书对整体样本数据的考察结果相一致；另一方面，分区域看，金融效率提高与信贷期限改善对东部区域研发强度的负向影响力度最强，可见，为改善金融手段对创新活动的支持效果，政策实施重点置于东部区域。本书还发现，经济紧缩期，金融规模扩张对研发强度的影响非常有限，其仅对中部区域研发强度有较弱的正向促进作用，而对东部和西部区域研发强度的影响并不显著。结合前文讨论可知，东部、西部区域金融体系强烈追求短期投机盈利，在投机资金更加稀缺、研发项目风险增强的经济紧缩期，信贷规模扩张无法有效缓解研发活动面临的融资约束。其余控制变量的回归结果与总体样本回归结果相比变化不大，此处不做赘述。

7.3　估计结果的讨论与进一步检验

7.3.1　估计结果的讨论与假设提出

已有诸多研究表明，金融发展通过拓宽融资渠道与减少研发活动信息不对称问题等途径缓解经济主体面临融资约束，促进研发投入，但本章通过分经济周期阶段考察金融发展对研发强度的影响后发现，经济紧缩期，金融效率提高与信贷期限结构改善并不利于提高研发强度，且后者对研发强度的负向影响力度更大。作者认为，这主要由以下原因所致：经济下行时，经济主体倾向于将有限金融资源投入经济增长效应更为强劲的固定资产投资（郭庆旺和赵旭杰，2012），在短期内迅速刺激增长以扭转颓势，这将挤占研发投入所需金融资本并限制经济进一步紧缩，继而使得研发投入在经济总量中所占比重（研发强度）下降，即相对于研发活动，金融效率提高和信贷期限结构改善在经济紧缩期更大程度地支持了固定资产投资，产生固定资产投资对研发投入的挤占效应（郝颖和刘星，2009；赵静和郝颖，2013）。另外，本书还注意到，中长期贷款统计中包含大量国有部门贷款，在 GDP 竞争动机驱动下，地方政府将干预国有部门减少回报周期更长的创新投资并增加固定资产投资（赵静和郝颖，2013），该动机在经济紧缩期更强，从而使得大量中长期贷款进入固定资产投资领域，加强固定资产投资对研发投入的挤占效应，最终导致信贷期限结构改善在经济紧缩期对研发强度产生更强负向影响。

本书对中国 1998～2014 年 GDP 进行 HP 滤波，分离出周期性成分刻画经济周期，分析社会固定资产投资、研发投入与经济周期的相对变化趋势。如图 7-1 所示，左纵轴标记全社会固定资产投资与研发投入增长率，右纵轴标记产出缺口。可以看出，样本期内我国固定资产投资逆经济周期变化特征明显，尤其在 2009 年受美国金融危机影响，我国经济跌入谷底时，固定资产投资增长率达到 1998 年以来的最高点29.95%。之后随着经济逐渐复苏，固定资产投资增长率不断下降，2011 年当我国经济处于波峰时，固定资产投资增长率跌倒低位的11.99%，而当 2013 年我国经济再次处于谷底时，固定资产投资增长率又回到了高位的 19.32%；同时，不难发现，除 1999 年以外，我国经济历次处于谷底时，固定资产投资增长率均高于研发投入增长率，这说明，经济主体倾向于在经济紧缩期加大固定资产投资，大量金融资源流入此领域，挤占研发投入所需金融资本并限制经济下行，而进入研发活动的资金相对有限。据此，作者提出本书的第 10 个命题即命题 10：

命题 10：固定资产投资对我国研发投入存在挤占效应，经济紧缩期，该挤占效应存在使得金融效率提高与信贷期限结构改善不利于提高研发强度，并导致后者对研发强度产生更大负向影响。

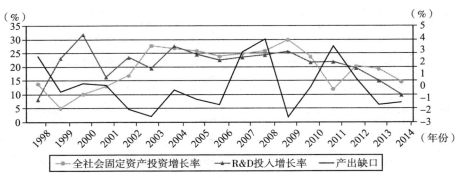

图 7 - 1　我国固定资产投资、研发投入与产出缺口协动图

资料来源：历年《中国科技统计年鉴》《中国统计年鉴》。

此外，前文分区域考察金融发展在经济紧缩期对研发强度的影响后发现（见表 4 第（3）、第（6）列估计结果），金融效率提高与信贷期限结构改善对东部区域研发强度的负向影响力度更大，基于这项事实，结合固定资产投资对研发投入存在挤占效应使得上述两者对研发强度产生负向影响的前提表明，该挤占效应在东部区域更强。据此本书提出命题 11，并对以上假设进行进一步验证。

命题 11：东部区域固定资产投资对研发投入的挤占效应较中部、西部区域更强。

7.3.2　固定资产投资对研发投入挤占效应的进一步检验

为验证固定资产投资对我国研发投入挤占效应的存在性问题及其区

域性差异，本书在计量模型（7-1）中引入固定资产投资及三个区域虚拟变量，利用三种计量方法与中国 30 个省区市的面板数据重新估计计量模型，估计结果如表 7-5 和表 7-6 所示。不难发现，各表 SYS-GMM 估计结果是稳健可靠的。

首先，将固定资产投资占 GDP 比重（即变量 I）作为独立变量引入计量模型式（7-1），回归结果如表 7-5 第（1）列所示，固定资产投资占 GDP 比重与我国研发强度（研发投入占 GDP 比重）呈显著负相关关系，说明固定资产投资确实挤占了研发投入，其对研发投入的挤占效应客观存在。其次，本书以交互项的形式将固定资产投资占 GDP 比重引入计量模型，回归结果如表 7-5 第（4）列和第（7）列所示，固定资产投资、紧缩期周期阶段虚拟变量及金融发展指标三者交互项（Re×FDE×I；Re×FDS×I）的系数均显著为负。经济紧缩期，固定资产投资占 GDP 比重提升 1 个百分点，金融效率提高对研发强度的负向影响力度加强 0.0007 个百分点，而信贷期限结构改善对研发强度的负向影响力度增强 0.0009 个百分点，结合固定资产投资对研发投入存在挤占效应的事实表明，该挤占效应使得金融效率提高与信贷期限结构改善对我国研发强度产生负向影响，同时，在该挤占效应作用下，后者对研发强度的负向影响力度更强，命题 10 得到验证。由此可见，长期以来，通过加大固定资产投资刺激短期增长以促使宏观经济走出萧条的做法在长期中积极作用有限，其将限制创新投入并削弱长期经济增长动力，不利于创新驱动发展战略实施。最后，本书再次将三个区域虚拟变量（East；Middle；West）引入计量模型，考察固定资产投资对研发投入挤占效应的区域间差异，估计结果如表 7-6 第（3）列与第（6）列所示。

不难发现，经济紧缩期，我国各区域普遍存在固定资产投资对研发投入的挤占效应，其中，固定资产投资占 GDP 比重提升一个百分点，金融效率提高对东部、中部和西部区域研发强度的负向影响力度分别加强 0.0017 个、0.0005 个和 0.0007 个百分点，同时，信贷期限结构改善对

表7-5　　进一步检验：固定资产投资对研发投入的挤占效应

估计方法	(1) OLS	(2) FE	(3) SYS-GMM	(4) OLS	(5) FE	(6) SYS-GMM	(7) OLS	(8) FE	(9) SYS-GMM
R&D_1	0.9085*** (36.23)	0.9617*** (103.30)	0.8649*** (39.46)	0.9488*** (143.46)	0.9615*** (103.40)	0.8646*** (39.44)	0.9524*** (123.69)		
I	-0.0012*** (-3.10)								
FDE×Re×I		-0.0002 (-0.26)	0.0000 (0.02)	-0.0007* (-1.95)					
FDS×Re×I					-0.0000 (-0.05)	-0.0003 (-0.29)	-0.0009** (-2.13)		
FDE×Re	-0.0016*** (-3.56)	-0.001 (-1.57)	-0.0024*** (-3.52)	-0.001** (-2.43)	-0.0011** (-2.16)	-0.0024*** (-4.38)	-0.0009*** (-2.69)		
FDS×Re	0.0019*** (-6.18)	-0.0017** (-2.54)	-0.0011 (-1.48)	-0.0013*** (-3.57)	-0.0017* (-1.81)	-0.0009 (-0.83)	-0.0011* (-1.79)		
FDA×Re	0.0006*** (9.84)	0.0004*** (4.65)	0.0006*** (5.93)	0.0004*** (7.35)	0.0004*** (4.71)	0.0006*** (5.87)	0.0004*** (7.65)		
H	0.0007*** (3.55)	0.0000 (0.36)	0.0004** (2.37)	0.0002** (2.00)	0.0000 (0.33)	0.0004** (2.45)	0.0002** (2.15)		
GOV	-0.0003*** (-5.68)	-0.0002** (-2.87)	-0.0003*** (-2.92)	-0.0002*** (-4.20)	-0.0002*** (-2.86)	-0.0003*** (-2.88)	-0.0001*** (-2.73)		
OPEN	0.0001 (0.63)	0.0006*** (2.76)	0.0009* (1.68)	0.0006*** (3.59)	0.0006*** (2.79)	0.001* (1.71)	0.0004*** (2.93)		

估计方法	(1) OLS	(2) FE	(3) SYS-GMM	(4) OLS	(5) FE	(6) SYS-GMM	(7) OLS	(8) FE	(9) SYS-GMM
DEV	-0.0064*** (-9.95)	-0.0089*** (-9.20)	-0.0093*** (-9.34)	-0.0079*** (-8.82)	-0.0089*** (-9.19)	-0.0094*** (-9.40)	-0.0059*** (-5.68)		
Year2008	0.0002** (2.11)	0.0002 (0.74)	0.0002 (0.68)	0.0001 (1.12)	0.0002 (0.73)	0.0002 (0.69)	0.0001 (0.99)		
Year2009	0.0012*** (10.37)	0.0011*** (4.00)	0.0009*** (3.52)	0.0012*** (10.07)	0.0011*** (4.01)	0.0009*** (3.52)	0.0012*** (10.59)		
常数项	-0.0028** (-2.26)	0.0019*** (2.65)	0.0002 (0.13)	0.0008 (1.21)	0.0019*** (2.69)	0.0000 (0.02)	-0.0001 (-0.10)		
样本数	480	480	480	480	480	480	480		
AR(1)	0.038			0.037			0.042		
AR(2)	0.078			0.076			0.079		
Hansen 检验	0.976			0.988			0.981		
工具变量数	47			46			47		

注：1. R&D_1，H 与 DEV 是内生变量，其余是外生变量；
2. 为了尽量减少工具变量数并保证工具变量的有效性，第（1）、第（4）列和第（7）中，本书对内生变量滞后三期并用了 collapse，对于因变量的一阶滞后分别用了滞后一期、三期和一期；
3. 为控制篇幅，不提供与第（1）列估计结果相对应的 OLS 与 FE 估计结果；
4. 其余同表 7-2。

表 7 - 6   进一步检验：分区域考察固定资产投资对研发投入的挤占效应

估计方法	(1) OLS	(2) FE	(3) SYS - GMM	(4) OLS	(5) FE	(6) SYS - GMM
R&D_1	0. 9607 *** (102. 83)	0. 865 *** (39. 20)	0. 9577 *** (76. 65)	0. 9606 *** (102. 86)	0. 8623 *** (38. 86)	0. 9602 *** (93. 84)
FDE × Re × I × East	− 0. 0006 (− 0. 53)	− 0. 0006 (− 0. 45)	− 0. 0017 *** (− 3. 18)			
FDE × Re × I × middle	0. 0006 (0. 55)	0. 0009 (0. 78)	− 0. 0005 * (− 1. 74)			
FDE × Re × I × West	− 0. 0002 (− 0. 27)	− 0. 0001 (− 0. 12)	− 0. 0007 * (− 1. 77)			
FDS × Re × I × East				− 0. 0005 (− 0. 40)	− 0. 0003 (− 0. 26)	− 0. 0022 *** (− 3. 51)
FDE × Re × I × Middle				0. 0006 (0. 56)	0. 0004 (0. 36)	− 0. 0006 * (− 1. 85)
FDE × Re × I × West				− 0. 0001 (− 0. 15)	− 0. 0005 (− 0. 49)	− 0. 0008 ** (− 2. 05)
FDE × Re	− 0. 001 (− 1. 54)	− 0. 0024 *** (− 3. 37)	− 0. 0009 ** (− 2. 83)	− 0. 0011 ** (− 2. 19)	− 0. 0025 *** (− 4. 41)	− 0. 0007 *** (− 2. 96)
FDS × Re	− 0. 0018 *** (− 2. 66)	− 0. 0012 * (− 1. 65)	− 0. 0014 *** (− 3. 17)	− 0. 0018 * (− 1. 87)	− 0. 0009 (− 0. 88)	− 0. 0012 ** (− 2. 58)
FDA × Re	0. 0005 *** (4. 82)	0. 0006 *** (6. 09)	0. 0005 *** (7. 63)	0. 0005 *** (4. 87)	0. 0006 *** (5. 85)	0. 0004 *** (6. 50)
H	0. 0000 (0. 23)	0. 0004 ** (2. 43)	0. 0002 * (1. 71)	0. 0000 (0. 23)	0. 0004 *** (2. 47)	0. 0002 ** (2. 30)
GOV	− 0. 0002 *** (− 2. 92)	− 0. 0003 *** (− 2. 93)	− 0. 0002 *** (− 4. 02)	− 0. 0002 *** (− 2. 87)	− 0. 0003 *** (− 2. 87)	− 0. 0001 *** (− 4. 53)
OPEN	0. 0006 *** (3. 04)	0. 0009 (1. 57)	0. 0005 ** (2. 26)	0. 0006 *** (3. 01)	0. 0009 * 1. 68	0. 0005 *** (5. 00)
DEV	− 0. 0089 *** (− 9. 12)	− 0. 0093 *** (− 9. 24)	− 0. 0079 *** (− 7. 45)	− 0. 0089 *** (− 9. 11)	− 0. 0093 *** (− 9. 34)	− 0. 0059 *** (− 6. 70)

续表

	（1）	（2）	（3）	（4）	（5）	（6）
估计方法	OLS	FE	SYS – GMM	OLS	FE	SYS – GMM
Year2008	0.0002 （0.75）	0.0002 （0.73）	0.0004 （1.64）	0.0002 （0.74）	0.0002 （0.74）	0.0001 （1.02）
Year2009	0.0011 *** （3.99）	0.0009 *** （3.51）	0.001 *** （8.17）	0.0011 *** （3.99）	0.0009 *** （3.44）	0.0013 *** （9.92）
常数项	0.0019 *** （2.62）	0.0001 （0.05）	0.0009 （0.09）	0.0019 *** （2.61）	− 0.0000 （− 0.00）	− 0.0002 （− 0.22）
样本数	480	480	480	480	480	480
AR（1）			0.037			0.046
AR（2）			0.069			0.086
Hansen 检验			0.997			0.998
工具变量数			53			50

注：1. R&D_1、H 与 DEV 是内生变量，其余是外生变量；

2. 为了尽量减少工具变量数并保证工具变量的有效性，第（3）、第（6）列中，本书对内生变量分别滞后两期和三期并用了 collapse，对于因变量的一阶滞后分别用了滞后三期和两期；

3. 其余同表 7 – 2。

东部、中部和西部区域研发强度的负向影响力度分别增强 0.0022 个、0.0006 个和 0.0008 个百分点，不难看出，扩大固定资产投资将极大程度地增强金融效率提高与信贷期限结构改善对东部区域研发强度的负向影响，再次结合固定资产投资对研发投入存在挤占效应的事实表明，相对于中部与西部区域，东部区域固定资产投资对研发投入的挤占效应更加强劲，进而在该挤占效应作用下，金融效率提高与信贷期限结构改善对东部区域研发强度产生更强负向影响，由此，命题 11 得到验证。其余各控制变量回归结果变化不大，此处不做赘述。

前文分析发现，与其他区域相比较，东部区域固定资产投资对研发投入的挤占效应更强，原因可能是：东部区域作为中国经济发展的前沿阵地，长期发挥对中部、西部区域经济的带动作用与示范作用，经济下行时期，地方政府与经济主体通过固定资产投资快速刺激经济增长的动机将更强。本书观察了各区域固定资产投资在经济周期各阶段的变化，如图7-2所示，左纵轴标记固定资产投资增幅，右纵轴标记产出缺口。不难发现，我国宏观经济历次处于紧缩期时，东部区域固定资产投资增幅远远高于中部和西部区域，大规模地增加固定资产投资将挤占更多研发投入所需金融资本，从而对研发投入产生更强挤占效应。

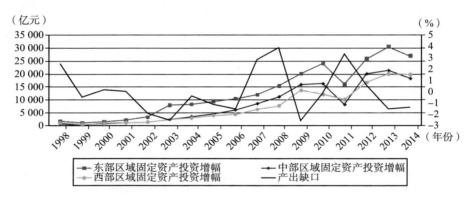

图7-2 我国各区域固定资产增幅与产出缺口协动图

资料来源：历年《中国科技统计年鉴》《中国统计年鉴》。

7.4 本 章 小 结

鉴于研发活动融资难的问题，长期以来，加快金融发展被国内外学者视为促进研发投入的有力措施，但学者们忽略了金融手段在不同经济周期阶段对研发强度的影响可能存在差异。本章利用1998~2014年我国30个省市的面板数据考察金融发展对研发强度的阶段性非对称影响，讨论其成因及对我国创新驱动发展战略的政策启示，得到以下主要结论：

第一，在经济发展不同周期阶段，金融发展对我国研发强度的影响存在显著差异：经济扩张期，金融效率提高与信贷期限结构改善可有效支持研发活动融资，并促进研发强度提高，其中，前者促进作用更强；相反，经济紧缩期，金融效率提高与信贷期限结构改善对我国研发强度有负向影响，且后者负向影响力度更大，进一步讨论与检验后发现，导致此结果产生的重要原因是：经济下行时经济主体偏好于加大固定资产投资以迅速刺激经济增长，产生固定资产投资对研发投入的挤占效应。实际上，经济紧缩期，金融效率提高与信贷期限结构改善更大程度地支持了固定资产投资，而非研发投入。

　　第二，对不同区域现实情况考察后发现，首先，经济扩张期，金融效率增进可更有效地提高东部区域研发强度，而对中部、西部区域研发强度的提高作用较弱，这主要来源于各区域金融发展水平的固有差异；其次，长期以来，由于国家信贷政策倾斜，西部区域中长期贷款投向市场化水平偏低，信贷期限结构进一步改善对该区域研发强度的提高作用比较有限。最后，经济紧缩期，金融效率提高与信贷期限结构改善对东部区域研发强度的负向影响力度最强，进一步讨论与检验后发现，这是由于该区域固定资产投资对研发投入的挤占效应较其他区域更强，因此加剧了两者对该区域研发强度的负向影响。

　　第三，本章还发现，金融规模增大在经济扩张期会阻碍我国研发强度提高，而在经济紧缩期对研发强度的提高作用非常有限，此现象在东部与西部区域尤为突出，这是因为该区域金融规模过度扩张程度过高，致使金融体系过分追求短期投机盈利而忽略了创新投入。鉴于此，要有效发挥金融手段的创新促进作用，为研发活动提供持续稳定的融资支持，进而加快创新驱动发展战略实施，我国金融体系发展须注重"提效率、调结构、轻规模"，并着力规避固定资产投资对研发投入产生的挤占效应，最终形成适应经济发展不同周期阶段特征的动态科技金融政策体系，优化政策调控效果。

第 *8* 章

研究结论与政策启示

本章将首先总结归纳本书得出的主要研究结论，其次提出促进研发强度稳提升的政策建议，最后指出本书的进一步研究方向。

8.1 主要研究结论

本书从金融发展的视角考察了研发投入的周期特征及其稳提升策略，一方面参考阿吉翁等（2010；2012）与欧阳敏（2011b）的分析框架，引入融资约束，建立非连续时间的两期世代交替模型，着重在不完善金融市场的假设下分析研发投入与经济周期的关联，据此讨论了研发强度的周期特征及研发投入周期行为的长期经济效应，进而基于金融功能观探讨金融发展对研发强度周期特征的影响；另一方面，本书利用 55 个国家与我国 30 个省区市的面板数据实证分析各国研发投入的周期特征，在此基础上，考察各国研发强度的周期特征及其对不同经济周期阶段的非对称反应，并揭示各国研发强度周期特征的差异及其形成原因，然后从金融发展的三个维度研究金融发展对研发强度周期特征的影响，揭示研发强度的稳提升路径。通过上述理论及实证分析，本书得出以下主要结论。

第一，融资约束的存在导致各国研发投入顺周期变动。在两期世代交替模型中引入融资约束考察发现，在不完善的金融市场中，当融资约束程度较高，对研发投入的限制足以抵消机会成本效应对其产生的激励作用时，研发投入顺周期变动，且融资约束程度越高，研发投入水平越低，其顺周期变化的特征越明显。

为验证该理论命题，本书利用29个发达国家、26个发展中国家与我国30个省区市1998~2011年的动态面板数据与SYS-GMM估计方法实证考察了各国研发投入的周期特征。研究发现，各国研发经费支出增幅顺周期变动，即表明各国融资约束程度较高，机会成本效应对研发投入的影响相对比较有限，因研发活动在经济扩张期更容获得融资，导致研发投入顺周期变化。研究还发现，发展中国家研发经费支出对经济周期的反应力度更大，原因是发展中国家融资约束程度更高。更进一步，本书利用我国30个省区市的面板数据引入融资约束指标实证检验发现，融资约束降低了研发投入水平，且融资约束程度越高，研发经费支出对经济周期的反应力度更大，即其顺周期变动的特征越明显。

第二，研发强度对经济周期有非对称反应，且研发强度周期特征国别差异大。研发投入顺周期变动时，研发强度周期特征将表现出两种情况，即增长型周期特征与逆周期特征。当融资约束程度较高时，流动性冲击使持续研发投入中断导致研发项目失败的概率较高，打击经济主体投入研发活动的积极性，因此，经济扩张期约束的暂时放松并不会导致研发投入出现较大升幅，相反，经济紧缩期融资约束更强，导致研发投入出现较大降幅。这可能导致研发强度对经济扩张的负向反应力度超出对经济紧缩期的正向反应力度，从而在长期中，持续的经济波动将对研发强度有负效应。

为考察研发强度的周期特征及其对不同经济周期阶段的非对称反应，本书在计量模型中引入"扩张期"与"紧缩期"两个经济周期指标，首先基于55个经济体1998~2011年的面板数据与SYS-GMM估计方法，按收入水平、研发投入水平将所选样本国分组考察，揭示各国研发强度的周期特征；然后，利用同时期我国30个省市的面板数据从整体上、分区域、分不同研发主体考察了我国转型期的现实情况，并讨论各国研发强度周期特征的差异及成因。研究发现：

（1）发达国家研发强度呈增长型周期特征，而发展中国研发强度逆周期变动，研发强度周期特征差异源于各国金融发展水平的差距。相对于发达国家，发展中国家（因融资约束程度更高）研发投入在经济扩张期的上升幅度更小。

（2）各国研发强度对经济周期各阶段有非对称反应，导致在长期中，持续的经济波动对发达国家研发强度有正效应，而对发展中国家研发强度有负效应，这也是各国金融发展水平差异可解释的结果。

（3）研发投入水平不同的国家，研发强度周期特征差异较大。在发达国家组中，持续经济波动对高研发投入国研发强度的正效应强于中研发投入国，而在发展中国家组，因低研发投入国面临更强融资约束，持续经济波动对该国研发强度的负效应力度强于中研发投入国。

（4）我国研发强度逆周期变动，其对经济扩张的负向反应力度大于对经济紧缩的正向反应力度，从而在长期中，持续的经济波动对研发强度有负效应，加剧地区研发强度波动性并阻碍其提升。同时，该负效应在西部区域更强。原因是：我国金融发展较为滞后，在较强融资约束下，研发活动受流动性冲击而中断甚至失败的可能性较高，因此，经济主体不会因经济扩张期融资约束的暂时放松而大幅增加研发投入，相反会因经济紧缩期融资约束束紧而大幅减少研发投入，最终导致研发强度对经济扩张的负向反应力度过大，而对经济紧缩的正向反应力度有限；此外，与其他区域相比较，我国西部区域金融发展水平较低，因此加剧了该负效应。

（5）对不同研发主体考察发现，持续经济波动对我国研发强度的负效应主要来源于其对大中型工业企业研发强度的影响。

（6）与发达国家相比，发达国家研发强度对经济扩张有正向反应，而我国研发强度对经济扩张有负向反应，表明经济扩张期融资约束放松对我国研发经费支出的提高作用较小，这主要是因为我国金融发展水平相对较低。

（7）相对于其他发展中国家，持续经济波动对我国研发强度的负效应力度更大。在粗放型经济增长方式下，我国宏观经济波动幅度较大，这进一步放大经济波动对研发强度的负效应。

第三，金融发展对研发活动的融资支持作用及创新促进作用存在阶段性、区域性差异，因此，科技金融政策根据经济周期阶段与区域特征相机抉择是规避上述负效应、促进研发强度"稳提升"的关键。

我国金融发展水平较低导致持续经济波动对研发强度产生负效应，且这个负效应力度大于其他发展中国家，因此，本书以我国为研究对象，考察金融发展对研发强度周期特征的影响。金融体系发展可通过更好地发挥各项金融功能，扩大研发投入资金来源并缓解研发项目的信息不对称问题，从而为研发活动提供有效融资支持。最终减少当融资约束程度足够高时持续经济波动对研发强度产生的负效应。

利用我国30个省区市的面板数据与SYS - GMM估计方法发现：①金融效率提高与信贷期限结构改善可平滑研发强度对经济周期的反应并有助于降低该负效应，有利于研发强度持续稳定提升，其中，前者对该负效应的降低作用更大。②金融发展对研发强度周期特征的影响存在阶段性、区域性差异。分阶段来看，金融效率提高与信贷期限结构改善不仅会降低研发强度对经济扩张的负向反应力度，由于存在固定资产投资对研发投入的挤占效应，两者还减弱了其对经济紧缩的正向反应，使得两者对该负效应的降低作用比较有限，这是由于金融体系在经济紧缩期过度支持固定资产投资而忽视研发投入，该现象在东西区域更为突出；总体上，金融效率提高更有利于降低持续经济波动对东部区域研发强度产生的负效应，而信贷期限结构改善更有利于降低持续经济波动对中部区域研发强度产生的负效应。③金融规模扩张会放大研发强度对经济扩张的负向反应进而加剧上述负效应，原因是当前我国金融规模过度扩张，致使金融体系过度追求短期投机盈利而忽略创新投入，该现象在东部、西部区域更为明显。

上述发现，本书为中国在经济波动加剧的背景下，促进研发强度持续稳定提升提供了新思路：即金融体系应"重效率、调结构、轻规模"，并形成匹配经济周期阶段特征与区域特征的动态科技金融政策体系。

8.2 促进研发强度稳提升的政策建议

第一，我国应针对经济发展不同周期阶段在各区域合理定位科技金融政策，形成动态科技金融政策体系。具体而言，经济扩张期，大力提高中部、西部区域资金配置效率、加大金融机构信贷向私有部门配置比例，提高西部区域中长期信贷投向的市场化水平，发挥市场在信贷资源配置中的决定性作用。同时，合理控制东部与西部区域金融规模，着力通过提升该区域金融效率来抵消金融规模过度扩张对创新投入的负面影响。经济紧缩期，科技金融政策应着力于提高经济主体研发投入积极性，规避固定资产投资对研发投入的挤占效应，尤其将东部区域作为政策实施重点，加大落实研发费用加计扣除、创新贷款贴息等优惠措施，发挥财政资金的杠杆作用并加强其与金融手段协调配合，在增加经济主体外部资金可得性的同时，引导、鼓励更多金融资本投向研发领域。

在长期中，我国还应强化资本市场对研发活动的支撑，提高直接融资比重，发挥资本市场资金投向市场化水平更高且更为精准的优势，通过提高资金配置效率来抵消金融规模过度扩张对研发强度所产生的不利影响；同时，加快国家创新体系由政府主导、政策推动向企业主导、需求拉动的转变，从根本上提高经济主体研发投入积极性，进而从改变创新投入驱动力、优化金融资源投向的角度加强金融体系对创新活动的支撑。

需要注意的是，政府在干预创新活动时，应避免挤出效应的出现，即在实施各项研发投入推动措施时，一方面，改善企业获得政府支持时"苦乐不均"的现象（康志勇，2013），创造公平的竞争环境，避免企业为获得政府支持而付出寻租成本，扭曲资源配置；另一方面，促进企业成为研发活动的主体，防止其过度依赖政府直接科技投入、研发补贴与税收优惠而使得创新政策成为驱动企业研发投入的主要力量。

第二，实行温和的财政政策和货币政策。本书第 5 章实证研究研发强度对不同经济周期阶段的非对称反应后发现，持续的经济波动对我国研发强度有负效应，不利于长期经济增长，并通过"经济周期——研发强度"的自发循环机制加剧两者波动，且经济波动幅度越大、频率越高，该负效应越强。从该角度看，长期以来我国扩张偏向的宏观经济政策（方红生和张军，2009）会通过加剧经济波动从而对研发强度产生更大负向影响，因此，在我国宏观经济政策实践中，实行温和的财政政策和货币政策，减少经济波动并促进经济长期稳定增长，更有利于促进研发强度稳提升。

第三，促进区域金融平衡发展。根据本书研究，金融发展有助于规避上述负效应，促进研发强度稳提升，而我国金融结构与区域金融发展失衡，一定程度上会阻碍该积极作用。因此，我国金融体系应注重：

（1）合理控制金融规模，优化金融结构。现阶段我国应合理控制金融规模，以防金融规模过度扩张，同时，在促进金融发展时应更加注重金融结构调整，一方面，调整贷款期限结构，提升中长期贷款在贷款总额中的占比，并加强对中长期贷款评估与监督工作，在控制信贷风险的前提下更大程度地发挥信贷期限结构改善对研发强度的提升作用；另一方面，为满足不同企业的融资需求，改善金融中介结构，促进为大型企业提供巨额融资的大型银行发展的同时，兼顾为中小企业提供融资服务的小型金融机构和民间金融机构发展。

（2）实施差异化的金融发展战略，优化金融资源区域间分布，缩小各区域金融发展差距。目前，我国金融资源在区域间分布不平衡，中部和西部区域金融中介数量相对较少，并且金融服务体系发展不完善，大量资金通过银行信贷、股票市场和保险市场等途径流入东部区域，同时，西部区域落后的基础设施建设与投资环境致使金融资源流出，进一步扩大了区域金融资源分布失衡。因此，在西部区域，应兼顾西部大开发战略与金融发展战略，减少金融资源流出，同时，优化中西部区域金融规模、着重完善该区域金融服务体系并促进金融中介多元化发展，依托当地优势，打造相应金融服务产业，而在东部区域，应降低金融市场准入条件，加强金融市场竞争。

（3）促进直接融资途径的发展。我国企业对外融资过度依赖以银行信贷为代表的间接融资途径，而直接融资在社会融资结构中占比过低，且直接融资渠道不畅，一定程度上限制了金融发展对研发活动的融资支持作用及研发投入促进作用，鉴于此，我国应兼顾直接融资市场与间接融资市场的发展，提高股票、债券融资在社会融资结构中的份额，构建多元化融资工具与融资方式，一方面，提升中小板和创业板市场比重，使金融市场更好地服务科技型中小企业创新活动；另一方面，增加公司债和企业债比重，提高债券市场在企业直接融资中的贡献，进而发挥资本市场资金投向市场化程度相对更高且更为精准的优势。

8.3　进一步研究方向

自熊彼特提出创新周期论以后，研发投入的周期行为引起国外学者广泛关注的热点问题，但长期以来国内学者在该领域的研究较少。本书从理论和实证两个维度，从金融发展的视角讨论了研发投入的周期特征及其稳提升策略，得到一些有启发意义的结论，一定程度上有助于该领域的后续研究开展，但由于作者目前的知识结构、书稿篇幅、理论和实证研究方法方面的限制，本书在某些方面还存在不足，希望在今后的研究中从以下几个方面改善。

第一，借助实证分析明晰研发投入周期行为的经济增长效应。本书研究聚焦于研发投入周期行为的特征、国别差异与成因，未将研究范围拓展至长期经济增长，现有其他研究对研发投入周期行为经济后果的考察亦是没有直接涉及该问题。本书研究发现，由于我国经济主体面临较强融资约束，持续的经济波动对研发强度有负效应，这是否显著阻碍长期经济增长仍需进一步实证验证，若该阻碍作用显著，应采取何种手段规避？因此，后续研究应将长期经济增长纳入分析框架，明晰研发投入周期行为的经济增长效应，以及该效应的优化途径。

第二，考察异质性微观企业的研发投入周期行为。当前，我国在不断强调推动企业成为创新体系的主导者，且研发投入周期行为实为企业研发投入决策的结果，但本书未能从中国微观领域为研发投入周期行为的研究提供经验证据，异质性企业研发投入周期行为的（区域性、阶段性）差异、成因及经济后果也未被厘清，而在当前不断深化科技体制改革的背景下，微观企业视角的研究对区域创新政策制定更具现实意义。为此，后续研究应结合上市公司年报数据与最新的中国工业企业数据库，进一步从微观领域完善实证研究。

第三，将政策性因素纳入分析框架。各国创新体系存在异质性，长期以来，我国创新体系的构建以政府为主导，研发投入多为政策推动而非需求拉动，因此，企业研发投入受政策性因素的影响极大，但本书尚未明确政策不确定性是否也导致了研发投入的周期行为。因此，后续研究应在分析框架中引入政策变量，以大大增强研究结论对现实情况的解释作用及其政策含义。

参 考 文 献

中文文献

[1] 安同良，施浩. 中国制造业企业 R&D 行为模式的观测与实证——基于江苏省制造业企业问卷调查的实证分析 [J]. 经济研究，2006（2）：21 – 30.

[2] 白钦先，谭庆华. 论金融功能演进与金融发展 [J]. 金融研究，2006（7）：41 – 52.

[3] 白钦先. 百年金融的历史性变迁 [J]. 国际金融研究，2003（2）：59 – 63.

[4] 白艺昕，刘星，安灵. 所有权结构对 R&D 投资决策的影响 [J]. 统计与决策，2008（5）：131 – 134.

[5] 蔡则祥. 中国金融结构优化问题研究 [D]. 南京农业大学，2005.

[6] 陈福中，陈诚. 贸易开放水平、区位差异与中国经济增长——基于 1994 ~ 2011 年中国省级数据的实证考察 [J]. 国际贸易问题，2013（11）：82 – 93.

[7] 陈金明. 中国金融发展与经济增长研究 [D]. 中国社会科学院研究生院，2002.

[8] 陈昆亭，周炎，龚六堂. 中国经济周期波动特征分析：滤波方法的应用 [J]. 世界经济，2004（10）：47 – 56.

[9] 陈钊，陆铭，金煜. 中国人力资本和教育发展的区域差异：对于面板数据的估算 [J]. 世界经济，2004（12）：25 – 31.

[10] 陈仲常，余翔. 企业研发投入的外部环境影响因素研究——

基于产业层面的面板数据分析 [J]. 科研管理, 2007 (2): 78 - 83.

[11] 陈尊厚. 中国金融发展对经济增长影响的统计研究 [D]. 天津财经大学, 2008.

[12] 成立为, 朱孟磊, 李翘楚. 政府补贴对企业 R&D 投资周期性的影响研究——基于融资约束视角 [J]. 科学学研究, 2017 (8): 1221 - 1231.

[13] 程惠芳, 文武, 胡晨光. 研发强度、经济周期与长期经济增长 [J]. 统计研究, 2015 (1): 26 - 32.

[14] 程惠芳, 文武. 融资约束、经济周期与研发投入 [J]. 浙江工业大学学报 (社会科学版), 2015 (9): 241 - 248.

[15] 戴相龙, 黄达. 中华金融辞库 [M]. 中国金融出版社, 1998.

[16] 戴小勇, 成力为. 财政补贴政策对企业研发投入的门槛效应 [J]. 科研管理, 2014 (6): 68 - 76.

[17] 戴小勇, 成力为. 金融发展对企业融资约束与研发投资的影响机理 [J]. 研究与发展管理, 2015 (3): 25 - 33.

[18] 戴小勇. 融资约束下的企业异质性投资行为与出口偏好 [D]. 哈尔滨工业大学, 2012.

[19] 范红忠. 有效需求规模假说、研发投入与国家自主创新能力 [J]. 经济研究, 2007 (3): 33 - 44.

[20] 方圆. 金融发展对出口复杂度提升的影响机理与效应研究 [D]. 浙江大学, 2013.

[21] 冯根福, 温军. 中国上市公司治理与企业技术创新关系的实证分析 [J]. 中国工业经济, 2008 (7): 91 - 101.

[22] 高桂珍. 我国银行业市场结构的实证分析与信贷资源配置研究 [J]. 经济研究, 2005 (10): 57 - 59.

[23] 戈德史密斯, 金融结构和金融发展 [M]. 上海三联书店, 1990.

[24] 顾国达, 方园. 金融发展与出口品技术含量升级 [J]. 浙江社会科学, 2013 (3): 38 - 47, 156.

［25］关勇军，洪开荣. 中国上市企业 R&D 投入的周期性特征研究——来自深圳中小板 2008 年金融危机期间的证据［J］. 科学学与科学技术管理，2012（9）：83-90.

［26］郭爱美. 金融发展对出口复杂度的影响研究——基于交易与技术二维视角［D］. 浙江大学，2014.

［27］郭庆旺，贾俊雪. 中国潜在产出与产出缺口的估算［J］. 经济研究，2004（5）：31-39.

［28］郭庆旺，赵旭杰. 地方政府投资竞争与经济周期波动［J］. 世界经济，2012（5）：3-21.

［29］韩媛媛. 融资约束、出口与企业技术创新——机理分析与基于中国数据的实证［D］. 浙江大学，2013.

［30］郝颖，刘星. 资本投向、利益攫取与挤占效应［J］. 管理世界，2009（5）：128-144.

［31］黄国良，董飞. 我国企业研发投入的影响因素研究——基于管理者能力与董事会结构的实证研究［J］. 科技进步与对策，2010（17）：103-106.

［32］江静. 中国省际 R&D 强度差异的决定与比较——基于 1998-2004 年的实证分析［J］. 南京大学学报，2006（3）：13-25.

［33］姜宁，黄万. 政府补贴对企业 R&D 投入的影响——基于我国高技术产业的实证研究［J］. 科学学与科学技术管理，2010（7）：28-33.

［34］鞠晓生，卢获，虞义华. 融资约束、营运资本管理与企业创新可持续性［J］. 经济研究，2013（1）：4-16.

［35］凯恩斯. 就业利息和货币通货［M］. 商务印书馆，1983.

［36］康继军，张宗益，傅蕴英. 金融发展与经济增长之因果关系——中国、日本、韩国的经验［J］. 金融研究，2005（10）：20-31.

［37］康志勇. 融资约束、政府支持与中国本土企业研发投入［J］. 南开管理评论，2013（5）：61-70.

［38］孔伟杰，苏为华. 中国制造业企业创新行为的实证研究——

基于浙江省制造业 1454 家企业问卷调查的分析 [J]. 统计研究，2009（11）：44 – 50.

［39］李斌，江伟. 金融发展、融资约束与企业成长 [J]. 南开经济研究，2006（3）：68 – 78.

［40］李浩，胡永刚，马知遥. 国际贸易与中国的实际经济周期——基于封闭与开放经济的 RBC 模型比较分析 [J]. 经济研究，2007（5）：17 – 26.

［41］李义奇. 金融发展与政府退出：一个政治经济学的分析 [J]. 金融研究，2005（3）：88 – 99.

［42］林毅夫，徐立新. 金融结构与经济发展相关性的最新研究进展 [J]. 金融监管研究，2012（3）：4 – 20.

［43］林毅夫. 我国金融体制改革 [J]. 中国经贸导刊，1999（17）：26 – 27.

［44］刘斌，岑露. 中国上市公司 R&D 费用的契约动因研究——来自沪深两市 2002 ~ 2003 年报的经验证据 [J]. 经济管理，2004（22）：46 – 51.

［45］刘春红，张文君. 经济周期波动与融资约束的动态调整 [J]. 中央财经大学学报，2013（12）：37 – 42.

［46］刘国新，万君康. 市场结构对技术创新的影响分析 [J]. 管理工程学报，1997（6）：10 – 14.

［47］刘金全，刘志刚. 我国经济周期波动中实际产出波动性的动态模式与成因分析 [J]. 经济研究，2005（3）：26 – 35.

［48］刘金全，王雄威. 我国经济周期波动态势的区域划分与动态特征检验 [J]. 经济与管理研究，2011（6）：5 – 10.

［49］刘锦，王学军. 寻租、腐败与企业研发投入——来自 30 个省 12367 家企业的证据 [J]. 科学学研究，2014（10）：1509 – 1617.

［50］刘伟，刘星. 高管持股对企业 R&D 支出的影响研究——来自 2002 ~ 2004 年 A 股上市公司的经验证据 [J]. 科学学与科学技术管理，

2007 (10): 172 – 175.

[51] 刘文革, 周文召, 仲深, 李峰. 金融发展中的政府干预、资本化进程与经济增长质量 [J]. 经济学家, 2014 (3): 64 – 73.

[52] 马君潞, 郭牧炫, 李泽广. 银行竞争、代理成本与借款期限结构——来自中国上市公司的经验证据 [J]. 金融研究, 2013 (4): 71 – 84.

[53] 潘颖雯, 万迪昉. 3 种不确定性对研发人员激励契约设计的影响研究 [J]. 管理学报, 2010 (4): 525 – 528.

[54] 彭建刚, 李关政. 我国金融发展与二元经济结构内在关系实证分析 [J]. 金融研究, 2006 (4): 90 – 100.

[55] 彭少玲, 黄水池, 李础蓝. 我国社会融资结构的变迁及模式选择 [J]. 海南金融, 2009 (2): 37 – 39.

[56] 彭兴韵. 金融发展的路径依赖和金融自由化 [M]. 上海三联书店出版社, 2002.

[57] 潜力, 胡援成, 经济周期、融资约束与资本结构的非线性调整 [J]. 世界经济, 2015 (12): 135 – 158.

[58] 秦天程, 张铁刚. 上市公司 R&D 投资的周期性研究 [J]. 数理统计与管理, 2015 (3): 529 – 539.

[59] 冉茂盛. 中国金融发展与经济增长作用机制研究 [D]. 重庆大学, 2003.

[60] 饶春华. 中国金融发展与企业融资约束的缓解——基于系统广义矩估计的动态面板数据分析 [J]. 金融研究, 2009 (9): 156 – 164.

[61] 邵明波. 法制、金融发展与银行贷款长期化 [J]. 世界经济文汇, 2010 (4): 56 – 68.

[62] 沈坤荣, 孙文杰. 投资效率、资本形成与宏观经济波动 [J]. 中国社会科学, 2004 (6): 52 – 63.

[63] 沈能. 技术创新的金融安排研究 [D]. 大连理工大学, 2008.

[64] 孙健, 齐建国. 人力资本门槛与中国区域创新收敛性研究

［J］．科研管理，2009（6）：31－38．

［65］孙晓华，王昀，徐冉．金融发展、融资约束缓解与企业研发投资［J］．科研管理，2015（5）：47－54．

［66］唐清泉，徐欣，曹媛．股权激励、研发投入与企业可持续发展——来自中国上市公司的证据［J］．山西财经大学学报，2009（8）：27－29．

［67］王文华，夏丹丹，朱佳翔．政府补贴缓解研发融资约束效应实证研究［J］．科技进步与对策，2013（12）：1－5．

［68］王翔．金融发展影响经济增长的多重机制［J］．上海社会科学院，2009．

［69］王永剑．基于金融发展视角的中国资本配置效率研究［D］．浙江大学，2011．

［70］王昱，成力为，安贝．金融发展对企业创新投资的边界影响——基于HECKIT模型的规模与效率门槛研究［J］．科学学研究，2017（1）：110－124．

［71］王志强，孙刚．中国金融发展规模、结构、效率与经济增长关系的经验分析［J］．管理世界，2003（7）：13－20．

［72］文礼朋，郭熙保．专利保护与技术创新关系的再思考［J］．经济社会体制比较，2007（6）：133－139．

［73］文武，程惠芳，汤临佳．经济周期对我国研发强度的非对称影响［J］．科学学研究，2015（9）：1357－1364．

［74］吴晓波，张超群，窦伟．我国转型经济中技术创新与经济周期关系研究［J］．科研管理，2011（1）：1－9．

［75］吴延兵．创新的决定因素——基于中国制造业的实证分析［J］．世界经济文汇，2008（2）：46－58．

［76］吴延兵．市场结构、产权结构与R&D——中国制造业的实证分析［J］．统计研究，2007（5）：67－75．

［77］吴延兵．中国工业R&D投入的影响因素［J］．产业经济研

究，2009（6）：13 – 21.

[78] 武志. 金融发展与经济增长：来自中国的经验分析 [J]. 金融研究，2010（5）：58 – 68.

[79] 谢维敏，方红星. 金融发展、融资约束与企业研发投入 [J]. 金融研究，2011（5）：171 – 183.

[80] 辛念军. 我国经济增长中的金融动员效率 [J]. 经济理论与经济管理，2006（11）：32 – 37.

[81] 熊维勤. 税收和补贴政策对 R&D 效率和规模的影响——理论与实证研究 [J]. 科学学研究，2011（5）：698 – 706.

[82] 徐金发，刘翌. 企业治理结构与技术创新 [J]. 科研管理，2002（3）：59 – 63.

[83] 徐思远，洪占卿. 信贷歧视下的金融发展与效率拖累 [J]. 金融研究，2016（5）：51 – 64.

[84] 徐侠，陈圻，郑兵云. 高技术产业 R&D 支出的影响因素研究 [J]. 科学学研究，2008（2）：304 – 310.

[85] 徐圆，赵莲莲. 金融发展促进中国经济增长的微观非平衡效应 [J]. 统计研究，2015（4）：21 – 27.

[86] 杨佳余. 金融发展与经济增长 [D]. 湖南大学，2006.

[87] 杨建君，盛锁. 股权结构对企业技术创新投入影响的实证研究 [J]. 科学学研究，2007（4）：787 – 792.

[88] 杨俊，胡玮，张宗益. 国内外 R&D 溢出与技术创新：对人力资本门槛的检验 [J]. 中国软科学，2009（4）：31 – 41.

[89] 杨兴全，曾义. 现金持有能够平滑企业的研发投入吗？——基于融资约束与金融发展视角的实证研究 [J]. 科研管理，2014（7）：107 – 115.

[90] 杨勇，达庆利，周勤. 公司治理对企业技术创新投资影响的实证研究 [J]. 科学学与科学技术管理，2007（11）：88 – 90.

[91] 余明贵，潘红波. 政府干预、法治、金融发展与国有企业银

行贷款 [J]. 金融研究, 2008 (9): 1 - 22.

[92] 约翰·格利, 爱德华·肖. 金融理论中的货币 [M]. 上海三联书店, 1995.

[93] 张成思, 朱越腾, 芦哲. 对外开放对金融发展的抑制效应之谜 [J]. 金融研究, 2013 (6): 16 - 30.

[94] 张杰, 刘志彪, 郑江淮. 中国制造业企业创新活动的关键影响因素研究——基于江苏制造业企业问卷的分析 [J]. 管理世界, 2007 (6): 64 - 74.

[95] 张杰, 卢哲, 郑文平, 陈志远. 融资约束、融资渠道与企业 R&D 投入 [J]. 世界经济, 2012 (10): 66 - 90.

[96] 张军, 金煜. 中国的金融深化和生产率关系的再检测: 1987—2001 [J]. 经济研究, 2005 (11): 34 - 45.

[97] 张连城, 韩蓓. 中国潜在经济增长率分析——HP 滤波平滑参数的选择及应用 [J]. 经济与管理研究, 2009 (3): 22 - 28.

[98] 张同斌、高铁梅. 中国经济周期波动的阶段特征及驱动机制研究——基于时变概率马尔科夫区制转移 (MS - TVTP) 模型的实证分析 [J]. 财贸经济, 2015 (1): 27 - 39.

[99] 张晓朴, 朱太辉. 金融体系与实体经济关系的反思 [J]. 国际金融研究, 2014, (3): 43 - 54.

[100] 赵洪江, 陈学华, 夏晖. 公司自主创新投入与治理结构特征实证研究 [J]. 中国软科学, 2008 (7): 145 - 149.

[101] 赵静, 郝颖. GDP 竞争动机下的企业资本投向与配置结构研究 [J]. 科研管理, 2013, (5): 102 - 110.

[102] 赵晓力. 中国区域金融发展问题研究 [D]. 吉林大学, 2007.

[103] 赵志耘, 郑佳. 从专利分析走向看技术创新与经济周期的关系 [J]. 中国软科学, 2010 (9): 185 - 192.

[104] 钟腾, 汪昌云. 金融发展与企业创新产出——基于不同融资模式对比视角 [J]. 金融研究, 2017 (12): 127 - 142.

［105］周杰，薛有志．公司内部治理机制对 R&D 投入的影响——基于总经理持股与董事结构的实证究［J］．研究与发展管理，2008（3）：1 - 9.

［106］周黎安，罗凯．企业规模与创新：来自中国省级水平的经验证据［J］．经济学季刊，2005（4）：623 - 638.

［107］周炎，陈昆亭．金融经济周期模型拟合中国经济的效果检验［J］．管理世界，2012（6）：17 - 29.

［108］周游，翟建辉．长波理论、创新与中国经济周期分析［J］．经济理论与经济管理，2012（5）：21 - 26.

［109］朱红军，何贤杰，陈信元．金融发展、预算软约束与企业投资［J］．会计研究，2006（10）：64 - 71.

［110］朱平芳，徐伟民．政府的科技激励政策对大中型工业企业的 R&D 投入及其专利产出的影响［J］．经济研究，2003（6）：45 - 53.

［111］祝树金，戢璇，傅晓岚．出口品技术水平的决定性因素：来自跨国面板数据的证据［J］．世界经济，2010（4）：28 - 46.

英文文献

［1］Acs, Z. J. & Audretsch, D. B. Innovation, Market Structure, and Firm Size［J］. Review of Economics and Statistics, 1987, 69（4）: 567 - 574.

［2］Agca, S. , Nicolo, G. D. & Detragiache. E. Financial reforms, financial openness, and corporate debt maturity: International evidence［J］. Borsa Istanbul Review, 2015, 15（2）: 61 - 75.

［3］Aghion, P. & Howitt, P. A Model of Growth through Creative Destruction［J］. Econometrica, 1992, 60（2）: 323 - 351.

［4］Aghion, P. & Saint - Paul, G. Uncovering Some Causal Relationships between Productivity Growth and the Structure of Economic Fluctuations: A Tentative Survey［J］. Labor, 1998, 12（2）: 279 - 303.

［5］Aghion, P. Growth and Development: A Schumpeterian Approach

[J]. Annals of Economics & Finance, 2004, 5 (1): 1 – 25.

[6] Aghion, P., Angeletos, G. M., Banerjee, A., & Manova, K. Volatility and Growth: Credit Constraint and Productivity – Enhancing Investment [J]. Journal of Monetary Economics, 2010, 57 (3): 246 – 265.

[7] Aghion, P., Askenazy, P., Berman, N., Cette, G. & Eymard. L. Credit Constraints and the Cyclicality of R&D Investment: Evidence from France [J]. Journal of the European Economic Association, 2012, 10 (5): 1001 – 1024.

[8] Aghion, P., Bloom, N., Blundell, R., Griffith, R. & Howitt. P. Competition and Innovation An Inverted – U Relationship [J]. Quarterly Joumal of Economics, 2005a, 120 (2): 701 – 728.

[9] Allen, F. & Gale, D. Comparing Financial Systems [M]. Cambridge, MA: MIT Press, 2000.

[10] Allen, F. & Gale, D. Diversity of Opinion and Financing of New Technologies [J]. Journal of Financial Intermediation, 1999, 8 (1): 68 – 89.

[11] Allen, F. Stock Markets and Resource Allocation, in C. Mayer and X. Vives, editors. Capital Markets and Financial Interrnecliation [M]. Cambridge University Press, Cambridge, 1993.

[12] Allen, F., Qian, J. & Qian, M. China's Financial System: Past, Present, and Future [Z]. University of Pennsylvania Working Paper, 2007.

[13] Almeida, H. & Campello, M. Financial Constraints and Investment – Cash Flow Sensitivities: New Research Directions [Z]. NBER Working Paper, 2001.

[14] Aredtics, P., Demetriades, P. & Luintel, B. Financial Development and Economic Growth: the Role of Stock Markets [J]. Journal of Money Credit and Banking, 2001, 33 (1): 16 – 41.

[15] Arellano, M. & Bond, S. Some Tests of Specification for Panel Data:

Monte Carlo Evidence and an Application to Employment Equations [J]. Review of Economic Studies, 1991, 58 (2): 97 – 227.

[16] Arrow, K. The Economic Implication of Learning by Doing [J]. Review of Economic Studies, 1962, 29 (2): 155 – 173.

[17] Atella. V. & Quintieri. B. Productivity Growth and the Effects of Recessions [J]. Giornale Degli Economisti E Annali Di Economia, 1998, 57 (12): 359 – 386.

[18] Audretsch, D. B. Innovation and Industry Evolution [M]. Cambridge: MIT Press, 1995.

[19] Ayyagari, M. , Demirguc – Kunt, A. & Maksimovic, M. Firm Innovation in Emerging Markets: the Roles of Governance and Finance [J]. Journal of Financial and Quantitative Analysis, 2011, 46 (6): 1545 – 1580.

[20] Backus, D. K. & Kehoe, P. J. International Evidence on the Historical Properties of Business Cycles [J]. American Economic Review, 1992, 82 (4): 864 – 888.

[21] Barlevy, G. On the Cyclicality of Research and Development [J]. American Economic Review, 2007, 97 (4): 1131 – 1164.

[22] Barlevy, G. On the Timing of Innovation in Stochastic Schumpeterian Growth Models [Z]. NBER Working Paper 2004, No. 10741.

[23] Barlevy. G. & Tsiddon. D. Earnings Inequality and the Business Cycle [J]. European Economic Review, 2006, 50 (1): 55 – 89.

[24] Bates, T. W. , Kahle, K. M. & Stulz, R. M. Why do U. S. Firms Hold So Much More Cash Than They Used To? [J]. Journal of Finance, 2009, 64 (5): 1985 – 2021.

[25] Bean, C. R. Endogenous Growth and the Procyclical Behaviour of Productivity [J]. European Economic Review, 1990, 34 (2): 355 – 363.

[26] Bebczuk, R. N. R&D Expenditures and The Role of Government

Around the World [J]. Estudios de Economía, 2002, 29 (1): 109 – 121.

[27] Becker, G. Human Capital: A Theoretical and Empirical Analysis, with Special Reference to Education [M]. New York: National Bureau of Economic Research, 1964.

[28] Benedicate, M. R&D Intensity and Financing Constraints [J]. Journal of Business & Economic Studies, 2004, 10 (2): 38.

[29] Beneivenga, V. R. & Smith, B. D. Finaeial Intermediation and Endogenous Growth [J]. The Review of Economic Studies, 1991, 58 (2): 195 – 209.

[30] Beveridge, S. & Nelson, C. R. A New Approach to Decomposition of Economic Time Series into Permanent and Transitory Components with Particular Attention to Measurement of the "Business Cycle" [J]. Journal of Monetary Economics, 1981: 7 (2): 151 – 174.

[31] Bhagat, S. & Welch, I. Corporate Research & Development Investments International Comparison [J]. Journal of Accounting and Economics, 1995, 19 (2): 443 – 470.

[32] Bhattacharya, S. & Chiesa, G. Proprietary Information, Financial Intermediation, and Research Incentives [J]. Journal of Financial Intermediation, 1995, 4 (4): 328 – 357.

[33] Bhattacharya, S. & Ritter. J. R. Innovation and Communication: Signalling with Partial Disclosure [J]. Review of Economic Studies, 1983, 50 (2): 331 – 346.

[34] Billings, A. B. & Fried, Y. The Effects of Taxes and Organizational Variables on Research and Development Intensity [J]. R&D Management, 1999, 29 (3): 289 – 301.

[35] Blanchard, O. J. & Peter, D. The Cyclical Behavior of the Gross Flows of U. S. Workers [J]. Brookings Papers on Economic Activity, 1990, 21 (2): 85 – 155.

[36] Blinder, A. S. & Fischer, S. Inventories, Rational Expectations and the Business Cycle [J]. Journal of Monetary Economics, 1981, 8 (3): 277 – 304.

[37] Blundell, R. & Bond, S. Initial Conditions and Moment Restrictions in Dynamic Panel Data Models [J]. Journal of Econometrics, 1998, 87 (1): 115 – 143.

[38] Blundell, R., Griffith, R. & Reenen, J. V. Dynamic Count Data Models of Technological Innovation [J]. Economic Journal, 1995, 429 (105): 333 – 344.

[39] Bond, S. Dynamic Panel Data Models: a Guide to Micro Data Methods and Practice [J]. Portuguese Economic Journal, 2002, 1 (2): 141 – 162.

[40] Bond, S., Harhoff, D. & Reenen, J. V. Investment, R&D, and Fincanial Constraints in Britain and Germany [J]. Annales d'Economie et de Statistique, ENSAE, 2005, 79: 433 – 460.

[41] Boone, A. L., Field, L. C., Karpoff, J. M. & Raheja, C. G. The Determinants of Corporate Board Size and Composition: An Empirical Analysis [J]. Journal of Financial Economics, 2007, 85 (1): 66 – 101.

[42] Boot, A. W. A. & Thakor, A. V. Can Relationship Banking Survive Competition? [J]. Journal of Finance, 2000, 4 (2): 679 – 713.

[43] Boot, A. W. A. & Thakor, A. V. Financial System Architecture [J]. Review of Financial Studies, 1997, 10 (3): 693 – 733.

[44] Bound, J., Cummins, C., Griliches, Z., Hall, B. H. & Jaffe, A. Who Does R&D and Who Patents? [Z]. NBER Working Paper, 1984, No. 0908.

[45] Braga, H. & Willmore, L., Technological Imports and Technological Effort: An Analysis of their Determinants in Brazilian Firms [J]. Journal of Industrial Economics, 1991, 39 (4): 421 – 432.

［46］ Brantley, T. L. Privatization Decision and Civil Engineering Project ［J］. Journal of Management in Engineering, 1997, 13 (3): 73 – 78.

［47］ Broadberry, S. & Crafts, N. Competition and Innovation in 1950's Britain ［Z］. London School of Economics Working Paper, 2000, No. 57.

［48］ Brown, J. R. & Petersen, B. C. Cash holding and R&D smoothing ［J］. Journal of Corporate Finance, 2011, 17 (3): 694 – 709.

［49］ Brown, J. R., Fazzari, S. M. & Petersen, B. C. Financing Innovation and Growth: Cash Flow, External Equity and the 1990s R&D Boom ［J］. Journal of Finance, 2009, 64 (1): 151 – 185.

［50］ Brown, J. R., Martinsson, G. & Petersen, B. C. Law, Stock Market, and Innovation ［J］. Journal of Finance, 2013, 68 (4): 1517 – 1549.

［51］ Burns, A. F. & Mitchell, W. C. Measuring Business Cycles ［M］. New York: Columbia University Press, 1946.

［52］ Carlin, W. & Mayer, C. Finance, Investment, and Growth ［J］. Journal of Financial Economics, 2003, 69 (1): 191 – 226.

［53］ Carpenter, R. E. & Petersen, B. C. Capital Market Imperfections, High – Tech Investment, and New Equity Financing ［J］. The Economic Journal, 2002, 112 (447): 54 – 72.

［54］ Cetorelli, N. & Gambera, M. Banking Market Structure, Financial Dependence and Growth: International Evidence from Industry Data ［J］. The Journal of Finance, 2001, 56 (2): 617 – 648.

［55］ Cetorelli, N. & Gambera, M. Banking Market Structure, Financial Dependence and Growth: International Evidence from Industry Data ［J］. The Journal of Finance, 2001, 56: 617 – 648.

［56］ Chiao, C. Relationship between Debt, R&D and Physical Investment: Evidence from US Firm – Level Data ［J］. Applied Financial Economics, 2002, 12 (2): 105 – 121.

[57] Comin, D. & Gertler, M. L. Medium – Term Business Cycles [J]. American Economic Review, 2006, 96 (3): 523 – 551.

[58] Cooley, T. J. & Ohanian, L. E. The Cyclical Behavior of Prices [J]. Journal of Monetary Economics, 1991, 28 (1): 25 – 60.

[59] Cooper, R. & Haltiwanger, J. The Aggregate Implications of Machine Replacement: Theory and Evidence [J]. American Economic Review, 1993, 83 (3): 360 – 382.

[60] Czarnitzki, D & Hottenrott, H. R&D investment and Financing Constraints of Small and Medium – Sized Firms [J]. Small Business Economics, 2011, 36 (1): 65 – 83.

[61] Czarnitzki, D. & Kraft, K. Management Control and Innovative Activity [J]. Review of Industrial Organization, 2004, 24 (1): 1 – 24.

[62] Davis, S, J. & Haltiwanger, J. Gross Job Creation and Destruction: Microeconomic Evidence and Macroeconomic Implications [C]. NBER Macroeconomics Annual, 1990, 5: 123 – 186.

[63] Dechow, P. & Sloan, R. Executive Incentives and the Horizon Problem [J]. Journal of Accounting and Economics, 1991, 14 (1): 51 – 89.

[64] Demirguc – Kunt, A. & Maksimovic, V. Law, Finance, and Firm Growth [J]. Journal of Finance, 1998, 53 (6): 2107 – 2137.

[65] Demirguc – Kunt, A. & Maksimovie, V. Funding Growth in Bank-based and Market-based Financial Systems: Evidence from Firm-level data [J]. Journal of Financial Economics, 2002, 65 (3): 337 – 363.

[66] Demirguc – Kunt, A. & Maksimovie, V. Institutions, Fnancial Markets, and Firm Debt Maturity [J]. Journal of Financial Economics, 1999, 54 (3): 295 – 336.

[67] Diamond, D. W. & Dybvig, P. H. Bank Runs Deposit Insurance and Liquidity [J]. The Journal of Political Economy, 1983, 91 (3): 401 –

419.

[68] Diamond, D. W. Committing to Commit: Short-term Debt When Enforcement is Costly [J]. Journal of Finance, 2004, 59 (4): 1447 – 1479.

[69] Dixon, A. J. & Seddi, H. R. An Analysis of R&D Activities in North East England Manufacturing Firms: The Results of a Sample Survey [J]. Regional Studies, 1996, 30 (3): 287 – 294.

[70] Fatas, A. Do Business Cycles Cast Long Shadows? —— Short – Run Persistence and Economic Growth [J]. Journal of Economic Growth, 2000, 5 (2): 147 – 62.

[71] Fazzari, S. M. Hubbard, R. G. & Petersen, B. C. Financing Constraints and Corporate Investment [J]. Brookings Papers on Economic Activity, 1988, 19 (1): 141 – 195.

[72] Fisher, F. M. & Temin, P. Returns to Scale in Research and Development: What Does the Schumpeterian Hypothesis Imply? [J]. Journal of Political Eeonomy, 1973, 81 (1): 56 – 70.

[73] Francois, J. & Smith, A. Agency Costs and Innovation: Some Empirical Evidence [J]. Journal of Accounting and Economics, 1995, 19 (2 – 3): 383 – 409.

[74] Francois, P. & Lloyd – Ellis. Animal Spirits through Creative Destruction [J]. American Economic Review, 2003, 93 (3): 530 – 550.

[75] Francois, P. & Lloyd – Ellis. Implementation Cycles, Investment and Growth [J]. International Economic Review, 2008, 49 (3): 901 – 942.

[76] Francois, P. & Lloyd – Ellis. Schumpeterian Cycles with Pro-cyclical R&D [J]. Review of Dynamics, 2009, 12 (4): 567 – 591.

[77] Friedman, M. Monetary Studies of the National Bureau [J]. The National Bureau Enters Its 45th Annual Report, 1964: 7 – 25.

[78] Fuente, A. D. L. & Marin, J. M. Innovation, Bank Monitoring

and Endogenous Financial Development [J]. Journal of Monetary Economics, 1996, 38 (2): 269 – 301.

[79] Funk, M. Business Cycles and Research Investment [J]. Applied Economics, 2006, 38 (15): 1775 – 1782.

[80] Galbraith, J. K. American Capitalism: The Concept of Countervailing Power [J]. revised ed. Houghton Mifflin, Boston, 1956.

[81] Galf, J. & Hammour, M. L. Long Run Effects of Business Cycles [Z]. Working Paper, Columbia University, 1993.

[82] Geroski, P. A. & Walters, C. F. Innovative Activity Over the Business Cycle [J]. The Economic Journal, 1995, 105 (7): 916 – 928.

[83] Geroski, P. A. Innovation, Technological Opportunity, and Market Structure [J]. Oxford Economic Papers, 1990, 42 (3): 586 – 602.

[84] Gerschenkron. A. Economic Backwardness In Historical Perspective [M]. The Belknap Press of Harvard University Press, 1962.

[85] Gradstein, M. & Justman, M. Human Capital, Social Capital, and Public Schooling [J]. European Economic Review, 2000, 44 (4 – 6): 879 – 891.

[86] Greenwood, J. & Jovanovie, B. Financial Development, Growth, and the Distribution of Income [J]. The Journal of Political Economy, 1990, 98 (5): 1076 – 1107.

[87] Greenwood, J. & Smith, D. Financial Markets in Development, and the Development of Financial Markets [J]. Journal of Economic Dynamics and Control, 1997, 21 (1): 145 – 181.

[88] Griliches, Z. Patent Statistics as Economic Indicators: a Survey [J]. Journal of Economic Literature, 1990, 28 (4): 1661 – 1707.

[89] Grossman, G. & Helpman, E. Innovation and Growth in the World Economy [M]. Cambridge (Mass.): MIT Press, 1991.

[90] Guariglia, A. & Sehiantarelli, F. Production Smoothing, Firms'

Heterogeneity and Financial Constraints: Evidence from a Panel of UK Firms [J]. Oxford Econmic Papers, 1998, 50 (1): 63 – 78.

[91] Guariglia, A. Internal financial constraints, external financial constraints, and investment choice: Evidence from a panel of UK firms [J]. Journal of Banking & Finance, 2008, 32 (9): 1795 – 1809.

[92] Hall, B. H. & Lerner, J. The financing of R&D and innovation [J]. Handbook of the Economics of Innovation, 2010, 1: 609 – 639.

[93] Hall, B. H. & Reenen, J. V. How Effective are Fiscal Incentives for R&D? A Review of the Evidence [J]. Research Policy, 2000, 29 (4 – 5): 449 – 469.

[94] Hall, B. H. Invesment and Research and Development at the Firm Level: Does the Source of Financing Matter? [Z]. NBER Working Paper, 1992, No. 4096.

[95] Hall, B. H. The Financing of Research and Development [J]. Oxford Review of Economic Policy, 2002, 18 (1): 35 – 51.

[96] Hall, B. H. , Mairesse, J. , Branstetter, L. & Crepon, B. Does Cash Flow Cause Investment and R&D: An Exploration Using Panel Data for French, Japanese, and United States Scientific Firms [Z]. Nuffield College Economics Working Papers, 1998.

[97] Hall, R. E. Recession as Reorganizations [C]. NBER Macro Annual Conference, 1991.

[98] Hamberg, D. R&D: Essays on the Economics of Research and Development [M]. New York: Random House, 1966.

[99] Harashima, T. The procyclical R&D puzzle: Technology Shocks and Pro-cyclical R&D Expenditure [Z] . Mimeo. University of Tsukuba, 2005.

[100] Harhoff, D. Are there Financing Constraints for R&D and Investment in German Manufacturing Firms [J]. Annales d'Economie et de Statis-

tique, ENSAE, 1998, 49 – 50: 421 – 456.

[101] Hellwig, M. Banking, Financial Intermediation and Corporate Finance [M]. European Fiancial Integration – Cambridge: Cambridge University Press, 1991: 35 – 63.

[102] Hill, C. W. & Snell, S. External Control, Corporate Strategy, and Firm Performance in Research-intensive Industries [J]. Strategic Management Journal, 1988, 9 (6): 577 – 590.

[103] Himmelberg, C. P. & Petersen, B. C. R&D and Internal Finance: A Panel Study of Small Firms in High – Tech Industries [J]. Review of Economics and Statistics, 1994, 76 (1): 38 – 51.

[104] Hinloopen, J. More on Subsidizing Cooperative and Non-cooperative R&D in Duopoly with Spillovers [J]. Journal of Economics, 2000, 72 (3): 295 – 308.

[105] Hodrick, R. & Prescott, E. C. U. S. Business cycles: an Empirical Investigation [J]. Journal of Money, Credit and Banking, 1997, 29 (1): 1 – 16.

[106] Holger, R. & Eric, S. The Effect of R&D Subsidies on Private R&D [J]. Economica, 2007, 74 (5): 215 – 234.

[107] Holmes, T. J. & Schmitz, J. A. Competition at Work: Railroads vs. Monopoly in the US Shipping Industry [J]. Federal Reserve Bank of MinneaPolis Quarterly Review, 2001, 25 (1): 3 – 29.

[108] Horowitz, I. Firm Size and Research Activity [J]. Southern Economic Journal, 1962, 28 (1): 298 – 301.

[109] Hosono, K. , Tomiyama, M. & Miyagawa, T. Corporate Governance and Research and Development: Evidence from Japan [J]. Economics of Innovation and New Technologies, 2004, 13 (2): 141 – 164.

[110] Howe, J. D. & McFetridge, D. G. The Determinants of R&D Expenditures [J]. Canadian Journal of Economics, 1976, 9 (1): 57 – 71.

[111] Hsu, P. Tian, X. & Xu, Y. Financial Development and Innovation: Cross Country Evidence [J]. Journal of Financial Economics, 2014, 112 (1): 116 – 135.

[112] Huang, H. & Xu, C. Institutions, Innovations, and Growth [J]. American Economic Review, 1999, 89 (2): 438 – 443.

[113] Ilyina, A. & Samaniego, R. Technology and Financial Development [J]. Journal of Money, Credit and Banking, 2001, 43 (5): 899 – 921.

[114] Islam, S. S. & Mozumdar, A. Financial Market Development and the Importance of Internal Cash: Evidence from International Data [J]. Journal of Banking and Finance, 2007, 31 (3): 641 – 658.

[115] Jaffe, B. Building Program Evaluation into the Design of Public Research – Support Programs [J]. Oxford Review of Economic Policy, 2002, 18 (1): 22 – 34.

[116] Jaffe, D. M. & Russell, T. Imperfect Information, Uncertainty, and Credit Rationing [J]. The Quarterly Journal of Economics, 1976, 90 (4): 651 – 666.

[117] James, B. A. Research, Technological Change and Financial Liberalization in South Korea [J]. Journal of Macroeconomics, 2010, 32 (1): 457 – 468.

[118] Jensen, M. C. & Murphy, K. J. Performance Pay and Top Management Incentives [J]. Journal of Political Economy, 1990, 98 (2): 225 – 264.

[119] Jensen, M. C. The Modern Industrial Revolution, Exit, and the Failure of Internal Control Systems [J]. Journal of Finance, 1993, 48 (4): 831 – 880.

[120] Kang, S. Three Essays on the Strategic Effects of Debt on Firm's R&D Decisions [D]. Indiana University, 2004.

[121] Kaplan, S, N. & Storomberg, P. Financial Contracting Theory Meets the Real World: An Empirical Analysis of Venture Capital Contracts [J]. Review of Economic Studies, 2002, 70 (2): 281 – 315.

[122] Kaplan, S. N. & Zingales, L. Do Investment – Cash Flow Sensivities Provide Useful Measures of Financing Constraints? [J]. Quarterly Journal of Economics, 1997, 112 (1): 169 – 215.

[123] Keuschning, C. Venture Capital Backed Growth [J]. Journal of Economic Growth, 2004, 9 (2): 239 – 261.

[124] Keynes, J. M. The General Theory of Employment, Interest and Money [M]. Palgrave Macmillan, 1936.

[125] Khan, M. S. & Senhadji, A. S. Financial Development and Economic Growth: An Overview [Z]. IMF Working Paper, 2000.

[126] Khurana, I. K. , Martin, X. & Pereira, R. Financial Developent and Cash Flow Sensitivity of Cash [J]. Journal of Financial and Quantitative Analysis, 2006, 44 (4): 787 – 807.

[127] King, R. G. & Levine, R. Finance and Growth: Schumpeter Might Be Right [J]. The Quarterly Journal of Economics, 1993a, 108 (3): 717 – 737.

[128] King, R. G. & Levine, R. Finance, Entrepreneurship and Growth [J]. Journal of Monetary Economics, 1993b, 32 (2): 513 – 542.

[129] King, R. G. & Levine, R. Financial Indicators and Growth in a Cross-section of Countries [Z] World Bank Working Paper, 1992, No. 819.

[130] Klette, T. J. , Moen, J. & Griliches, Z. Do Subsidies to Commercial R&D Reduce Market Failures? [J]. Research Policys, 2000, 29: 471 – 495.

[131] Koellinger, P. Why Are Some Entrepreneurs More Innovative Than Others? [J]. Small Business Economics, 2008, 31 (1): 21 – 37.

[132] La Porta, R. , Lopez – De – Silanes, F, & Schleifer, A. Gov-

ernment Ownership of Banks ［J］. Journal of Finance, 2002, 57 (1): 265 – 301.

［133］ La Porta, R., Lopez – De – Silanes, F., Shleifer, A., & Robert, W. V. Law and Finance ［J］. Journal of Political Economy, 1998, 106 (6): 1113 – 1155.

［134］ La Porta, R., Lopez – De – Silanes, F., Shleifer, A., & Robert, W. V. Legal Determinants of External Finance ［J］. Jounal of Finance, 1997, 52 (3): 1131 – 1150.

［135］ Lederman, D. & Maloney, W. F. R&D and Development ［Z］. World Bank Policy Research Working Paper, 2003, No. 3024.

［136］ Lee, P. G. A. Comparison of Ownership Structures and Innovations of US and Japanese Firms ［J］. Managerial and Decision Economics, 2005, 26 (1): 39 – 50.

［137］ Lee, P. M. & O'nell, H. M. Ownership Structures and R&D Investments of US and Japanese Firms: Agency and Stewardship Perspectives ［J］. Academy of Management Journal, 2003, 46 (2): 212 – 225.

［138］ Leland, H. E. & Pyle, D. H. Informational Asymmetries, Financial Structure, and Financial Intermediatoin ［J］. Journal of Finance, 1997, 32 (2): 371 – 387.

［139］ Levine, R. C. & Zervos, S. Stock Markets, Banks, and Economic Growth ［J］. American Economic Review, 1998, 88 (3): 537 – 558.

［140］ Levine, R. C. Financial Development and Economic Growth: Views and Agenda ［J］. Journal of Economic Literature, 1997, 35 (6): 688 – 726.

［141］ Levine, R. C., Cohen, W. M., & Mowery, D. C. R&D Appropriability, Opportunity, and Market Structure: New Evidence on Some Schumpeterian Hypotheses ［J］. American Economic Review, 1985, 75

（2）: 20 - 24.

［142］Levine. R. Bank-based or Market-based Financial Systems: Which is Better? ［Z］. NBER Working Paper, 2002.

［143］Lipton, M. & Lorsch, J. A modest proposal for improved corporate governance ［J］. Business Lawyer, 1992, 48 （1）: 59 - 77.

［144］Loeb, P. D. & Lin, V. Research and Development in the Pharmaceutical Industry: A Specification Error Approach ［J］. Journal of Industrial Economics, 1997, 26 （1）: 45 - 51.

［145］Love, H. , Ashcroft, B. & Dunlop S. Corporate Structure, Ownership and the Likelihood of Innovation ［J］. Applied Economics, 1996, 28 （6）: 737 - 746.

［146］Love, I. Financial Development and Financial Constraints: International Evidence from the Structural Investment Model ［Z］. Working Paper, World Bank, 2001.

［147］Love, I. Financial Development and Financing Constraints: International Evidence from the Structural Investment Model ［J］. The Review of Financial Studies, 2003, 16 （3）: 765 - 791.

［148］Lucas, R. E. On the Mechanics of Economic Development ［J］. Journal of Monetary Economics, 1988, 22 （1）: 3 - 42.

［149］Lunn, J. An Empirical Analysis of Process and product patening: A simultaneous Equation Framework ［J］. Journal of Lndustrial Economics, 1986, 34 （3）: 319 - 330.

［150］Macey, J. & Miller, G. Universal Banks are not The Answer to America's Corporate Governance Problem ［J］. Journal of Applied Corporate Finance, 1997, 9 （4）: 57 - 73.

［151］Malley, J. R. & Muscatelli, V. A. The Interaction between Business Cycles and Productivity Growth: Are Temporary Downturns Productive or Wasteful? ［J］. Research in Economics, 1999, 53 （4）: 337 - 364.

[152] Mansfield, E. Industrial Research an Technological Innovation: An Econometric Analysis [J]. Econometrica, 1968, 41 (1): 207 – 209.

[153] Martinsson, G. Finance and R&D Investments: Is There a Debt Overhang Effect on R&D Investments [Z]. CESIS Working Papers, 2009.

[154] Matsuyama, K. Growing through Cycles in an Infinitely Lived Agent Economy [J]. Journal of Economic Theory, 2000, 100 (2): 220 – 234.

[155] Matsuyama, K. Growing through cycles [J]. Econometrica, 1999, 67 (2): 335 – 347.

[156] Mckinnon, R. I. Money and Capital in Economic Development [M]. Washington D. C: Brookings Institution, 1973.

[157] Merton, R. C. & Bodie, Z. A Conceptual Framework for Analyzing the Financial Environment, In the Global Financial System: A Functional Perspectives [M]. Harvard Business School Press, 1995.

[158] Meyer, J. R. & Kuh, E. The investment decision [M]. Cambridge, Mass: Harvard University Press, 1957.

[159] Meyers, S. C. & Majluf, N. S. Corporate Financing and Investment Decisions When Firms Have Information That Investors Do Not Have [J]. Journal of Financial Economics, 1984, 13 (2): 187 – 221.

[160] Modigliani, F. & Miller, M. H. The Cost of Capital, Corporation Finance and the Theory of Investment [J]. American Economic Review, 1958, 48 (3): 261 – 297.

[161] Morck, R. & Nakamura, M. Banks and Corporate Control in Japan [J]. Journal of Finance, 1999, 54 (1): 319 – 339.

[162] Mortensen, D. T. & Pissarides, C. A. Job Creation and Job Destruction in the Theory of Unemployment [J]. Review of Economic Studies, 1994, 61 (3): 397 – 415.

[163] Mulkay, B. , Hall, B. H. & Mairesse, J. Firm Level Investment

and R&D in France and the United States: A Comparison [Z]. NBER Working Paper, 2000, No. 8038.

[164] Muller, D. C. & Zimmermann, V. The Importance of Equity Finance for R&D Activity [J]. Small Business Economics, 2009, 33 (3): 303 – 318.

[165] Muller, D. C. The firm's Decision Process: An Economic Investigation [J]. Quarterly Journal of Economics, 1967, 81 (1): 58 – 87.

[166] Nickell, S., Nicolitsas, D. & Patterson, M. Does Doing Badly Encourage Management Innovation? [J]. Oxford Bulletin of Economics and Statistics, 2001, 63 (1): 5 – 28.

[167] Ogawa, K. Debt, R&D investment and Technological Progress: A Panel Study of Japanese Manufacturing firms' Behavior During the 90's [Z]. ISER Discussion Paper, 2004, No. 607.

[168] Opler, T., Pinkowitz, L., Stulz, R. & Williamson, R. The Determinants and Implications of Corporate Cash Holdings [J]. Journal of Financial Economics, 1999, 52 (1): 3 – 46.

[169] Ortega – Argils, R. Moreno, R. & Caralt, J. S. Ownership Structure and Innovation: Is There A Real Link? [J]. Annals of Regional Science, 2005, 39 (4): 637 – 662.

[170] Ouyang Min. Cyclical Persistence and the Cyclicality of R&D [Z]. University of California – Irvine, Working Paper, 2011b.

[171] Ouyang Min. On the Cyclicality of R&D [J]. The Review of Economics and Statistics, 2011a, 93 (2): 542 – 553.

[172] Pagano, M. Financial Markets and Growth: An Overview [J]. European Economic Review, 1993, 37: 613 – 622.

[173] Rafferty, M. C. & Funk, M. The effect of demand shocks on firm-financed R&D [J]. Research in Economics, 2004, 58 (3): 187 – 203.

[174] Rafferty, M. C. Do Business Cycles Alter the Composition of Re-

search and Development Expenditures? [J]. Contemporary Economic Policy, 2003b, 21 (3): 394 –405.

[175] Rafferty, M. C. Do Business Cycles Influence Long – Run Growth? The Effect of Aggregate Demand on Firm – Financed R&D Expenditures [J]. Eastern Economic Journal, 2003a, 29 (4): 607 –618.

[176] Rajan, R. G. & Zingales, L. Financial dependence and growth [J]. American Economic Review, 1998, 88 (3): 559 –586.

[177] Rajan, R. G. & Zingales, L. Financial Systems, Industrial Structure, and Growth [J]. Oxford Review of Economic Policy, 2001, 17 (4): 467 –482.

[178] Ravn, M. & Uhlig, H. On Adjusting the HP – Filter for the Frequency of Observations [J]. Review of Economics and Statistics, 2002, 84 (2): 371 –376.

[179] Rivera – Batiz, L. A. & Romer, P. M. Economic Integration and Endogenous Growth [J]. Quarterly Journal of Economics, 1991, 106 (2): 531 –555.

[180] Robin, K. Government R&D Subsidies as A Signal for Private Investors [J]. Research Policy, 2010, 39 (10): 1361 –1374.

[181] Ryan, H. E. Jr. & Wiggins, R. A. I. The Interactions Between R&D Investment Decisions and Cmpensation Policy [J]. Financial Management, 2002, 31 (3): 5 –29.

[182] Saint – Paul, G. Business Cycles and Long – Run Growth [J]. Oxford Review of Ecomomic Policy, 1997, 13 (3): 145 –153.

[183] Saint – Paul, G. Produetivity Growth and the Structure of the Business Cycle [J]. European Economic Review, 1993, 37 (4): 861 –890.

[184] Saint – Paul, G. Technological Choice. Financial Markets and Economic Development [J]. European Economic Review, 1992, 36: 763 –781.

［185］Salu，L. Do R&D Subsidies Stimulate or Displace Private R&D？Evidence from Israel ［J］. Journal of Industrial Economics，2002，50（4）：369 - 390.

［186］Scherer，F. M. & Hulburt，H. M. The Debt Maturity Structure of Small Firms ［J］. Financial Management，2001，30（1）：85 - 111.

［187］Scherer，F. M. Firm Size，Market Structure，Opportunity，and the Output of the Patented Inventions ［J］. American Economic Review，1965，55（5）：1097 - 1125.

［188］Scherer，F. M. Size of firm，Oligopoly and Research：a Comment ［J］. Canadian Journal of Economics and Political Science，1965，31（2）：423 - 429.

［189］Schumpeter，J. A. Business Cycles：A Theoretical，Historical and Statistical Analysis of the Capitalist Process ［M］. New York Toronto London：McGraw - Hill，1939.

［190］Schumpeter，J. A. Capitalism，Socialism and Democracy. Third Edition ［M］. New York：Hrper and Row，1942.

［191］Schumpeter，J. A. The March into Socialism ［J］. American Economic Review，1950，40（2）：446 - 456.

［192］Schumpeter，J. A. The Theory of Economic Development：an Inquiry into Profits，Capital，Credit，Interest，and the Business Cycle ［M］. Camridge，Mass 1934，Harvard University Press，1912.

［193］Shaw，E. S. Financial Deepening in Economic Development ［M］. Oxford：Oxford University Press，1973.

［194］Shinagawa，S. Endogenous Fluctuation with Procyclical R&D ［J］. Economic Modelling，2013，30（3）：274 - 280.

［195］Shrieves，R. Market Structure and Innovation：A New Perspective ［J］. Journal of Industrial Economics，1978，26（4）：329 - 347.

［196］Silva，F. & Carreira，C. Do financial constraints threat the innovation process? Evidence from Portuguese firms ［Z］. GEMF Working Papers, 2011.

［197］ Smith, W. J. J. & Creamer, D. R&D and Small Company Growth: A Statistical Review and Company Case Study ［C］. Studies in Business Economics No. 102, New York: National Industrial Conference Board, 1968.

［198］ Soete, L. L. G. Firm Size and Innovation Activity ［J］. European Economic Review, 1979, 12: 319 – 340.

［199］ Stiglitz, J. & Weiss, A, Incentive Effects of Terminations: Applications to Credit and Labor Markets ［J］. American Economic Review, 1983, 73（5）: 912 – 927.

［200］ Stiglitz, J. E. & Welss, A. Credit Rationing in Markets with Imperfect Information ［J］. American Economic Review, 1981, 71（3）: 393 – 410.

［201］ Tadesse, S. Financial Architecture and Economic Performance: International Evidence ［J］. Journal of Financial Intermediation, 2002, 11 （4）: 429 – 454.

［202］ Van Duijn, J. J. The Long Wave in Economic Life ［J］. De Economist, 1977, 125（4）: 544 – 576.

［203］ Varsakelis, N. The Impact of Patent Protection, Economy Openness and National Culture on R&D Investment: a Cross-country Empirical investigation ［J］. Research Policy, 2001, 30（7）: 1059 – 1068.

［204］ Walde, K. & Woitek, U. R&D Expenditure in G7 Countries and the Implications for Endogenous Fluctuations and Growth ［J］. Economics Letters, 2004, 82（1）: 91 – 97.

［205］ Walde, K. Endogenous Growth Cycles ［J］. International Economic Review, 2005, 46（3）: 867 – 894.

［206］ Walde, K. The Economic Determinants of Technology Shocks in a

Real Business Cycle Model [J]. Journal of Economic Dynamics and Control, 2002, 27 (1): 1 – 28.

[207] Wallsten, S. The Effect of Government – Industry R&D Programs on Private R&D: the Case of Small Business Innovation Research Program [J]. RAND Journal of Economics, 2000, 31 (1): 82 – 100.

[208] Wu, J & Tu, R. CEO Stock Option Pay and R&D Spending: A Behavioral Agency Explanation [J]. Journal of Business Research, 2007, 60 (5): 482 – 492.

[209] Yager, L. & Schmidt, R. The Advanced Technology Program: A Case Study in Federal Technology Policy [M]. Washington, D. C.: AEI Press, 1997.

[210] Zahra, S. A., Neubaum, D. O. & Huse. M. Entrepreneurship in Medium – size Companies: Exploring the Effects of Ownership and Governance System [J]. Journal of Management, 2000, 26 (5): 947 – 976.

[211] Zhang Jun., Guanghua wan. & Yu Jin. The Financial Deepening Productivity Nexus inChina: 1987 ~ 2001 [J]. Journal of Chines economic and Business Studies, 2007, 8: 37 – 49.

后 记

本书是我攻读博士期间以及博士毕业后三年时间内的研究成果。2013年，我开始接触创新周期论，通过长时间的研究，形成了这部书稿，其中，部分成果发表在了《统计研究》《科学学研究》《浙江社会科学》《浙江理工大学学报》《浙江工业大学学报》等期刊。

时光如梭，转眼间我已在浙江理工大学任教三年。博士研究生求学经历以及三年的任教时光为我积累了宝贵的精神财富，有太多的人和事需要一一感谢。完成本书之际，首先我要感谢我的博士导师程惠芳教授。读博期间曾经想过放弃，与程老师交谈许久，最终是她的开导与激励让我重拾信心并完成学业。程老师知识渊博，思维敏捷、见解独到，每次与程老师讨论、交流，均能让我豁然开朗，无论是论文思路，还是还对待读博的态度都能得到实质性改进，她严谨治学、精益求精的学术态度让我终身受益，在此表示深深的感谢。感谢我的第二导师胡晨光教授，作为学者，对待学术，严肃认真，对学术的热爱之切值得刚踏入学术之路的我们学习；作为导师，胡老师的建议中肯受用，使我少走很多弯路；作为朋友，胡老师的开导、敦促助我收敛不良情绪，专心论文写作。

感谢裴长洪所长、周申教授、杜群阳教授、谭晶荣教授在博士论文开题与答辩时提出的宝贵建议，感谢感谢汪贵浦教授、周根贵教授、孙林教授、潘士远教授、汪淼军教授等的授业和指导；感谢丁小义老师在我写作过程中给予的帮助和建议，使我写作思路更加清晰；感谢汤临佳、郭元源、成蓉、岑丽君、李凯、刘睿侃、李方敏、胡军、林素燕、陈超、张祎、潘申彪、唐辉亮等各位老师和博士同学的陪伴与支持；感谢博士研究生同学程聪、高鋆、金陈飞，尤其感谢在博 A402 一起努力、陪伴与鼓励的挚友张宓之、杨阳、詹淼华；感谢好友彭秦坤、杨宵凡、陈汉生、师帅奇、舒亮、董政委、钟意、王军，你们的陪伴使我的生活更加多彩。

感谢我的父母、姐姐和姐夫，一直给予我无私的支持与奉献，是你们的付出让我能够心无旁鹜的追求梦想。特别感谢我的妻子袁佳煜，相识三年来，她在工作上极力支持我，在精神上不断鼓励我，使我能够坚定信念潜心科学研究。最后，还要感谢经济科学出版社李雪同志及其专业团队的辛勤工作，他们为本书付出的心血和努力保证了本书顺利出版。

文武

2018 年 7 月于杭州